Der

Kaiserlichen Societät der Naturforscher

zu

Moskau

zu der

am 23ten December 1855 a. St.

(4ten Januar 1856)

stattfindenden Feier

Ihres funfzigjährigen Bestehens

Glück wünschend

überreicht ehrfurchtsvoll

als ein geringes Zeichen seiner hohen Verehrung

nachstehende Abhandlung

„Zur Vereinfachung der Arznei-Verordnungen“

Derselben auswärtiges Mitglied

Dr. **Philipp Phoebus**,

Professor der Medicin zu Giefsen.

Die Kaiserliche Societät der Naturforscher zu Moskau hat während der fünf Jahrzehende Ihres Bestehens durch zahlreiche und ausgezeichnete litterarische Leistungen zu dem freudigen Fortschreiten aller naturwissenschaftlichen Disciplinen sehr bedeutend beigetragen. Und nicht blofs die Wissenschaften als solche hat Sie getreulich gepflegt, sondern Sie hat auch durch Anregung in engeren und weiteren Kreisen, durch Rath und That, die Verbreitung des physischen Wissens in einem sehr weiten Ländergebiete gefördert. Sie hat Ihr rühmliches Wirken auch in schweren Zeiten, auch unter den Stürmen der Kriege, unbeirret fortgesetzt. Jeder Verehrer der Naturwissenschaften, der sich in der Litteratur und im Leben umgesehen, mufs Das dankbarlichst würdigen und kann nur mit aufrichtiger Theilnahme und lebhafter Anerkennung der hochverdienten Gesellschaft zu Ihrem bevorstehenden Jubiläums-Feste Glück wünschen.

Möge die Kaiserliche Societät unter den mancherlei Zuschriften aus fernen Ländern, welche die vielseitige Theilnahme an dieser Feier Ihr sonder

Zweifel bringen wird, auch einen Grufs aus demjenigen deutschen Lande gern entgegennehmen, welchem Dieselbe Ihre **Fischer von Waldheim** und Ihren **Renard** verdankt, welchem sogar ganz Rufsland die erhabene Fürstin verdankt, die wir gegenwärtig als Kaiserin aller Reufsen in tiefster Ehrfurcht verehren.

Mir insbesondre erscheint es als ein schuldiger Tribut der Dankbarkeit, der Kaiserlichen Societät bei der gegenwärtigen Veranlassung Glückwunsch und Huldigung darzubringen, da ich mich Derselben speciell verpflichtet fühle. Vor sechszehn Jahren verschmähte Sie es nicht, naturwissenschaftliche Arbeiten von mir, welche Sie sehr nachsichtig beurtheilte, durch meine Aufnahme unter die Zahl Ihrer Mitglieder anzuerkennen. Vor drei Jahren hatte ich das Glück, bei einem, leider nur kurzen, Aufenthalte zu Moskau von einzelnen ausgezeichneten Mitgliedern der Kaiserlichen Societät vielfache Belehrung, zumal in den reichen Sammlungen und grofsartigen Instituten, und einen höchst interessanten mündlichen Commentar zu den Sehenswürdigkeiten des Orts zu erhalten. Wer so glücklich war, unter einer solchen Führung die wunderbare Czarenstadt zu sehen, die mit dem Blüthendufte des Orients die edelsten Früchte der europäischen Civilisation, mit inhaltreichster Geschichte eine in vielverzweigter Wirksamkeit reiche Gegenwart vereinigt, — wo man in jeder der in Europa herschenden Sprachen sich verständigen kann und es nur zu bedauern hat, wenn man der russischen, einer anerkannt vortrefflichen Conversations-Sprache, nicht kundig ist, — der hat ein unverwelkliches Blatt der anziehendsten Erinnerung für sein Leben heimgetragen.

Möge die hochgelehrte Societät es nicht ungeeignet finden, wenn ich als bescheidenes Zeichen meiner Ehrerbietung eine kleine Abhandlung aus einer angewandten Naturwissenschaft darbringe. Beschränkte Zeit machte es mir unmöglich, ein anderes Thema zu wählen als ein längst durchdachtes aus der praktischen Heilkunde, zu welchem unter flüchtiger Feder die Worte ungesucht sich ergeben konnten. In Rufsland, wo gleich allen Naturwissenschaften auch die Medicin die kräftigste Förderung von Seiten des Staats geniefst und ihre

Cultoren in jeder Weise geehrt sieht, — wo sogar einst ein wahrhaft grofser Monarch Anatomie, Therapie und Chirurgie persönlich zu cultiviren nicht unter Seiner Würde hielt, — ist ja wohl auch für den Standpunct des Akademikers die Medicin den übrigen Naturwissenschaften ebenbürtig. Ueberdies bezwecken die folgenden Blätter, der Medicin eine neue Seite zu anderen, schon gewonnenen, zu erwerben, auf der sie jene Genauigkeit in der Beobachtung sich aneignen könne, welche die reinen Naturwissenschaften schon früher erreicht haben.

Der Himmel erhalte und schirme bis in die fernste Zukunft die Kaiserliche Societät der Naturforscher als einen reichen Quell des Wissens für zwei Erdtheile.

— Felix per saecula mana,
Fons sacer, humano generique salutifer esto.

Giefsen, im December 1855.

Dr. **P. Phoebus.**

Zur

Vereinfachung der Arznei-Verordnungen.

— *Eh, délaissons cette vile ornière,*
Qu'on appelle routine et qui guida jadis
Les pas mal assurés de maint donneur d'avis.

§ 1.

Es ist in neuerer Zeit für die Vereinfachung der Therapie überhaupt und der Arznei-Verordnungen insbesondre viel geschehen. Die Therapie, gehoben durch die Fortschritte der Pathologie und der Naturwissenschaften, vereinfacht und läutert sich auch dadurch, daſs die Diätetik, und insbesondre eine umsichtige Idiodiätetik im Sinne **H. E. Richter's**, immer mehr Feld neben der Pharmakologie gewinnt, die Aerzte seltner als sonst zum Receptblättchen greifen. Sogar das Publicum, durch die Aerzte und zum Theil auch durch diätetische und chemisch-physiologische Schriften belehrt, entwöhnt sich allmählich von der Arzneisucht früherer Zeiten.

Beim Verordnen von Arzneien weichen die Compositionen der alten Officinal- und Magistral-Formeln — zum Theil wahre Pandora-Büchsen — mehr und mehr dem Geiste der geläuterten Beobachtungskunst. Fast alle besseren Aerzte bekennen sich bereits wenigstens zu dem Streben nach Vereinfachung der Verordnungen. Wir finden in dieser Beziehung, wenn wir um einige Jahrzehende zurückblicken, schon viel erreicht. Ich werde mich aber bemühen zu zeigen — und das ist der Zweck dieser Blätter —, dafs hier noch weit mehr erreicht werden kann und soll.

Ich werde zu dem Ende versuchen, die Gründe für die Vereinfachung vollständig darzulegen, und die Gründe, welche im Allgemeinen oder in einzelnen Fällen gegen die Vereinfachung sprechen oder zu sprechen scheinen, auf ihren wahren Werth zurückzuführen. Die vergleichende Abwägung der Gründe und Gegengründe wird hoffentlich zu der Entscheidung berechtigen, wie weit die Vereinfachung zweckmäfsig auszudehnen und wie sie anzugreifen sei.

§ 2.

Da ich im Folgenden, um der Vereinfachung der Arznei-Verordnungen willen, unter Anderm und ganz besonders auch auf pharmakodynamisch einfache Mittel dringen werde, so habe ich zunächst zu erörtern, was ich unter einem pharmakodynamisch einfachen Mittel verstehe.

Ich verstehe darunter ein solches, bei dessen ärztlicher Anwendung man nicht mehrere pharmakodynamische Factoren, sondern nur Einen, und demgemäfs auch in jedem einzelnen Falle der Anwendung nur Eine physiologische Gesammtwirkung, nur Ein Gesammtbild von zusammen gehörenden Wirkungserscheinungen unterscheiden kann. Es kann dieses Gesammtbild in verschiedenen Fällen ansehnliche Verschiedenheiten zeigen, bedingt durch die Individualität des Falles und die Art der Anwendung des Mittels (1). Es kann das Gesammtbild so ausgedehnt seyn, dafs es den gröfsten Theil der Organe und Systeme des Körpers umfasst und innerhalb seines Umfangs wieder verschiedene, einzelnen Organen oder Systemen angehörende, Gruppen von Wirkungserscheinungen unterscheiden lässt. Von diesen Gruppen kann eine oder die andre im einzelnen Falle ausbleiben, so dafs man bei minder umfassender Gelegenheit zu

(1) Namentlich von der Gröfse der Dosen hängen, wie bekannt, bei manchen Mitteln die gröfsten Verschiedenheiten ab, andre aber auch von der Wiederholung, der Darreichungsform u. s. w.

Beobachtungen wohl verschiedene Gesammtbilder mit Unrecht zu sehen glaubt; aber es ist Aufgabe der Pharmakodynamik, sich vor dergleichen Irrungen durch vervielfältigte Beobachtungen, durch Umsicht und physiologische Kritik, möglichst zu wahren. Immer bleibt der mehr negative Charakter, dafs man nur Einen Factor der Wirkung unterscheiden kann.

Was chemisch einfach ist (wie z. B. Schwefel, Phosphor, Iod, metallisches Eisen (2) oder Quecksilber), ist natürlich auch pharmakodynamisch einfach und zwar absolut einfach.

Aber auch viele chemisch zusammengesetzten Mittel sind als relativ pharmakodynamisch-einfach zu bezeichnen, insofern

entweder eine gesonderte Wirkung ihrer Bestandtheile gar nicht wahrgenommen wird (so z. B. Schwefelsäure, Kohlensäure, Ammoniak, viele näheren Bestandtheile der Mittel aus den organischen Reichen),

oder einer ihrer Bestandtheile pharmakodynamisch so vorwaltet, dafs der andere oder die anderen daneben als untergeordnet verschwinden und ignorirt werden dürfen. So z. B. Calomel, Sublimat, sind pharmakodynamisch einfache Mittel, denn das Chlor in ihnen modificirt zwar die Quecksilberwirkung wesentlich, und zwar in den beiden Mitteln verschieden, ist aber für sich, als Chlor, nicht pharmakodynamisch wahrnehmbar: wir bemerken bei der Anwendung jedes dieser Mittel nur Eine (übrigens bei jedem der beiden verschiedene, dazu auch in verschiedenen Fällen verschiedene) physiologische Gesammtwirkung. Auch das Iodkalium, und selbst eine Lösung von Iod in Iodkalium, ist noch als pharmakodynamisch einfach zu betrachten, denn die Wirkung des Kalium modificirt zwar die des Iod, mildert sie namentlich, tritt aber neben ihr in den Hintergrund. Auch das Chlornatrium darf man noch pharmakodynamisch einfach nennen; denn obwohl es, in weit gröfseren Quantitäten als die vorher genannten Mittel angewandt, weit mehr als jene in den gesammten Stoffwechsel des Körpers eingreifen kann, und obwohl hierbei der Chemiker seine beiden Bestandtheile gesondert verfolgen kann, so möchte doch phar-

(2) Dessen Verunreinigungen wir hier als unerheblich übersehen dürfen.

makodynamisch eine solche Sonderung, eine Sonderung in zwei Gruppen von Wirkungserscheinungen, nicht durchzuführen seyn. Selbst das schwefelsaure Natron hat noch einigen Anspruch auf das Prädicat pharmakodynamisch-einfach, denn es lassen sich die Wirkungen der Schwefelsäure und des Natron in ihm pharmakodynamisch nur halb vollständig unterscheiden.

Dagegen sind z. B. die Iod-Verbindungen des Quecksilbers, mehr noch die des Eisens, entschieden pharmakodynamisch zusammengesetzt, indem neben der Wirkung des Metalls auch die des Iod noch sehr merklich hervortritt. Aehnlich die weinsauren und essigsauren Salze des Kali und Natron, das doppelt kohlensaure Natron (während das einfach kohlensaure hauptsächlich nur die gemilderte Wirkung des Natron zeigt, also pharmakodynamisch so gut wie einfach ist).

Schon die angeführten Beispiele zeigen, dafs die pharmakodynamische Einfachheit oder Zusammengesetztheit der chemischen keineswegs immer parallel läuft. Noch auffallender wird das Fehlen eines solchen Parallelismus, wenn wir Rohstoffe in den Kreis der Betrachtung ziehen. Obwohl im Allgemeinen die Rohstoffe begreiflich pharmakodynamisch zusammengesetzter wirken als unsere meisten officinellen chemischen Präparate, so zeigen sich doch solche Rohstoffe, in denen ein Alkaloïd, eine organische Säure, ein ätherisches Oel, ein Bitterstoff, ein scharfer Extractivstoff, oder Alkohol, u. dgl., als alleiniger Haupt-Bestandtheil oder auch nur als sehr vorwaltender sich findet, oft pharmakodynamisch sehr einfach. So z. B. sind Bilsenkraut, Ratanha, Fenchel, Quassiaholz, Senega, weifser Franzwein, so bunt auch ihre chemische Zusammensetzung und so umfassend oft das Gesammtbild ihrer physiologischen Wirkung ist, pharmakodynamisch einfacher als schwefelsaures Natron. — Auch solche Rohstoffe, in denen sich einige pharmakodynamisch nahe verwandte Hauptbestandtheile neben einander finden, sind oft in ihrer Wirkung noch relativ einfach (wenig zusammengesetzt). So z. B. manche Früchte, in denen einige Pflanzensäuren und verschiedene pflanzensaure Salze neben einander vorkommen, zeigen sehr übereinstimmend nur in ihrer Erstwirkung die allgemeine Wirkung der Pflanzensäuren und in ihrer Nachwirkung die der kohlensauren Salze, worein die pflanzensauren sich beim Durchgange durch den Körper verwandeln (3). Fast eben so relativ einfach (wenig zusammengesetzt) erscheinen auch noch manche Samen, in denen sich fette Oele neben Proteïnstoffen oder neben Schleimen finden; es wirken hier alle Hauptbestandtheile nur schwach, nur in minder auffallenden Erscheinungen, und die Wirkungen der einzelnen sind sich überdies vielfach ähnlich; wir können deshalb die verschiedenen Factoren der Wirkung nur schwer und in geringer Ausdehnung von einander unterscheiden, wir erhalten für die Wahrnehmung ziemlich einfache Wirkungsbilder. — Viele anderen Rohstoffe dagegen zeigen sich, indem sie 2 oder mehrere pharmakodynamisch erheblich verschiedene Hauptbestandtheile haben, entschieden pharmakodynamisch zusammengesetzt; z. B. Colombo, Simaruba, Isländ. Flechte (tonisch und demulcirend), — China (digestiv, adstringirend, nervin), — Arnica (scharf, excitirend, nervin), — viele, die deshalb von den pharmakodynamischen Autoren unter die Uebergangskategorien: Tonisch-excitirende, Nervin-excitirende, Narkotisch-scharfe u. a. gebracht werden, — u. s. w.

Manche pharmakodynamisch zusammengesetzteren Mittel zeichnen sich zu ihrem Nachtheile dadurch aus, dafs sie nach mehreren Richtungen hin wirken, aber nach jeder einzelnen, und selbst im Ganzen, wenig oder doch nichts Ausgezeichnetes leisten (4); so z. B. Helenium oder die (innerlich angewandten) Schwefelverbindungen des Quecksilbers (mit Einschlufs des Spiefsglanzmohrs). Andere leisten nach mehreren Richtungen

(3) Man wird durch die sehr ähnliche Wirkung mancher Früchte und anderer Gruppen von Rohstoffen fast an die Isomorphen der Anorganognosie erinnert, in denen ähnliche Bestandtheile einander in variirenden Mengen vertreten können, ohne dafs die physikalischen Eigenschaften (wie z. B. die Krystallform) sich erheblich ändern.

(4) Dieser Fehler kann übrigens auch bei pharmakodynamisch einfacheren, sogar bei chemisch einfachen Mitteln vorkommen. Der Schwefel z. B. ist von demselben nicht ganz freizusprechen. — Unter Umständen, wenn wir ein recht mildes Mittel brauchen und die verschiedenen Richtungen der Wirkung nicht schaden, kann sich der Fehler in einen Vorzug umwandeln.

hin Werthvolles und z. Th. Wichtiges, z. B. Ochsengalle, Rhabarber, Opium.

Fast immer jedoch wird man bei einer aufmerksamen vergleichenden Würdigung die Arzneimittel, je mehr sie pharmakodynamisch zusammengesetzt sind, um so weniger zuverlässig finden, und zwar nicht bloſs quantitativ weniger (das wäre der geringere Fehler), sondern auch qualitativ. Das ist auch sehr begreiflich; denn wenn schon gegen pharmakodynamisch einfache Mittel der Organismus nicht immer gleich reagirt, so wird er es gegen pharmakodynamisch zusammengesetzte noch weniger thun. — Es fehlt nicht an bemerkenswerthen Ausnahmen. So z. B. ist das Opium qualitativ und selbst quantitativ weit zuverlässiger in seinen Leistungen, als man nach seiner weit gehenden und procentisch so sehr variirenden Zusammensetzung vermuthen würde [(5)]; aber ein gewisser Grad der Unzuverlässigkeit, namentlich der quantitativen, bleibt doch, und deshalb ist auch bei dieser Panacee zu wünschen, daſs wir sie einmal vollständiger als bisher durch ihre Hauptbestandtheile ersetzen lernten: wir würden dann häufiger alle ihre vortheilhaften Wirkungen benutzen können, ohne durch ihre unangenehmen Nebenwirkungen, z. B. die verstopfende, belästigt zu werden.

Die Arzneimittel sind ferner um so leichter in ihrer Wirkung zu studiren, der Arzt wird um so früher mit ihnen gründlich bekannt, behält um so leichter ihre ganze Wirkung in lebendiger Anschauung, macht um so sicherer reine Erfahrungen mit ihnen, kurz, macht sie um so leichter zu höchst brauchbaren Werkzeugen seiner Kunst, je mehr sie pharmakodynamisch einfach sind.

Man kann es als einen Erfahrungssatz aussprechen, daſs unsere Arzneimittel fast immer um so besser physiologisch gekannt sind — theils absolut besser, theils doch im Verhältniſs zu der Zeit, seit welcher man sie kennt —, je mehr sie in ihrer Wirkung einfach sind und je mehr sie durch gewisse von den Aerzten genommene Rücksichten vor dem Componiren mit an-

(5) Wahrscheinlich aus einem ähnlichen Grunde, wie Note 3 ihn andeutet.

deren Mitteln bewahrt blieben. So sind z. B. die Alkaloïde und andere von der neueren Chemie dargestellte Hauptbestandtheile der Drogen meist — absolut oder verhältnifsmäfsig — besser physiologisch gekannt als die Substanzen, in denen sie vorkommen, und deren galenische Präparate (Extracte, Tincturen u. s. w.). So ist für die nach alter Mode mehrere Hauptmittel vereinigenden magistralen und officinellen Compositionen [6] die physiologische Wirkung nur sehr nothdürftig gekannt [7]. So sind Kupfersalmiak, Eisensalmiak, Eisenweinstein physiologisch weniger gekannt als einfachere Kupfer- und Eisen-Verbindungen. So sind Bibergeil, Safran, Vanille wohl hauptsächlich deshalb, weil man sie, ihrer Theure wegen, häufiger in Compositionen als pur benutzt hat, ungenügend und weit weniger als z. B. Asand, Mohnköpfe, Zimmt, bekannt. —

Bei der Auffassung der Wirkungserscheinungen, welche uns den Maafsstab für die relative pharmakodynamische Einfachheit oder Zusammengesetztheit der Mittel geben, können sich dem objectiven Verhalten viele subjectiven Irrungen trügerisch einmengen; insofern ist jener Maafsstab ein unsicherer; aber wir haben keinen besseren, — wir müssen uns in der Pharmakodynamik und in der Therapie sehr häufig mit einem solchen behelfen, — *ultra enim, quo progrediar, quam ut veri videam similia, non habeo* (Cic.). —

Es geht aus dem Vorhergehenden hervor, dafs die Zahl der Wirkungsfactoren in einer Arznei und die Zahl der palpabeln (Haupt-) Mittel, aus denen die Arznei bereitet worden (oder die Zahl der Hauptmittel, die in die Formel eingingen), verschieden seyn kann [8], weshalb wir auch im Folgen-

(6) Z. B. *Aq. foetida anthysterica, Elix. Aurant. comp., Elix. Propriet. Paracelsi, Extr. Rhei comp., Pulv. Glycyrrh. comp., Pulv. Magnes. c. Rheo*, zahlreiche Species-Formeln, *Spir. Angelic. comp., Tinct. amara* **Ph. Bor.**, *Tinct. Guajaci ammoniacata, Tinct. Opii benzoïca*, u. v. a.

(7) Wenn für einige solcher Compositionen es etwas besser aussieht, so kommt dies meist daher, dafs in ihnen Ein ausgezeichnetes Mittel vor den übrigen sehr entschieden vorwaltet; so z. B. in *Tinct. Opii crocata, Tinct. Chinae comp.*

(8) In der Colombo z. B. gebe ich 1 Mittel, aber 2 Wirkungsfactoren, in einem magistral componirten Salze gewöhnlich nur Einen, durch die Verbindung zweier Mittel gewonnenen, Wirkungsfactor.

den an mehreren Stellen die beiderlei Ausdrücke von einander unterscheiden müssen. —

Ich kann jetzt ferner Das, was ich durch diese Blätter empfehlen will, bestimmter folgendermafsen formuliren [noch genauer am Schlusse der Arbeit] : ich wünsche, dafs man die pharmakodynamisch einfacheren [9] Mittel den zusammengesetzteren so weit als möglich vorziehe.

Ich spreche zunächst, in den §§ 3 — 9, von innerlich anzuwendenden Mitteln als den im Allgemeinen wichtigsten.

§ 3.

Wer Arzneimittel mit möglichstem Glück anwenden will, hat in jedem einzelnen Falle zuvörderst apriorisch zu berechnen [10], welches unter allen ihm zu Gebote stehenden Mitteln (eventuell : welche Mittel-Combination) der Gesammtheit der Indicationen am besten entspreche, mithin die besten Dienste verheifse, und welche Anwendungsweise (Form, Gabe, Wiederholung) desselben zu wählen sei. Diese Berechnung ist unter allen Umständen eine sehr schwierige. Auch der tüchtigste Arzt möchte wohl nur selten — vielleicht sage ich richtiger : nie — in irgend einem Krankheitsfalle mit voller Sicherheit berechnen können, welches Mittel und welche Anwendungsweise die zweckmäfsigsten seien. Es würde dies eine so vollkommene Kenntnifs des Krankheitsprocesses im Allgemeinen, seiner durch die Individualität bedingten Modificationen und der Wirkungsweise vieler mit einander rivalisirenden Mittel erfordern, wie sie vielleicht ein Sterblicher nie erlangen kann. Wer sich die Fähigkeit, Berechnungen jener Art mit voller Sicherheit anzustellen,

(9) Dieses relativen Ausdrucks mufs ich mich bedienen, weil die Zahl der absolut einfachen Mittel höchst beschränkt ist und voraussichtlich immer bleiben wird.

(10) Es wird kaum der Bemerkung bedürfen, dafs ich bei dem „Berechnen" nicht an ein Rechnen im mathematischen Sinne gedacht, sondern den Ausdruck hier nur tropisch gebraucht habe. Ich mufste ihn wählen, weil kein verwandter (wie etwa : überlegen, erwägen, bestimmen, ermessen u. v. a.) so treffend zugleich die geistige Operation und die zu wünschende Schärfe ihres Ganges und ihres Resultats ausdrückte.

auch nur für manche Fälle zutraute, wäre gewifs in einer starken, durch unzureichendes Wissen und Nachdenken bedingten, Selbsttäuschung befangen. Nicht einmal für ein einfaches Wechselfieber lässt sich so rechnen, denn China und Chinin sind nicht die einzigen und nicht immer die besten Fiebermittel, und in wie mannigfaltiger Weise man jene beiden Mittel anwenden kann, ist bekannt — zu geschweigen dafs, so wie die China durch das Chinin übertroffen worden ist, so dieses morgen durch ein neues Mittel übertroffen werden kann.

Die unter allen Umständen mifsliche Aufgabe des Berechnens wird aber, von den in dem Krankheitsfalle etwa liegenden Erschwerungen abgesehen, um so schwieriger und bedenklicher, je weniger die physiologische Wirkung der Mittel, um die es sich handelt, bekannt (je mehr man etwa nur auf therapeutische Notizen über die Mittel beschränkt) ist, und je mehr die Mittel pharmakodynamisch zusammengesetzt sind — zwei Momente, welche, wie bereits in § 2 gezeigt worden, meistens einander ziemlich parallel laufen.

Freilich, viele Praktiker älterer Schulen machen sich's bei jenem Berechnen oft leicht. Finden sie nicht alsbald durch einen glücklichen Griff Ein Mittel auf, welches allen Indicationen zu entsprechen scheint, so wählen sie für die verschiedenen Indicationen verschiedene Mittel, und wenn die Combination derselben nicht gar zu abenteuerlich ausfällt, wenn sie wohl gar schon einmal von irgend Jemandem, sei's auch für einen sehr verschiedenen Fall, verordnet worden, wenn nicht etwa ein derber chemischer Gegensatz warnt, und wenn dem Mischen oder Mengen der Mittel keine Form-Schwierigkeiten entgegenstehen, so vereinigen sie sie getrost in Einer Formel, in der Hoffnung dafs der Körper des Kranken so geschickt seyn werde, wieder die nöthige Zerlegung vorzunehmen und jedes Ingrediens an den rechten Ort und zur rechten Wirkung zu beordern. Aber die Zuversichtlichkeit dieses Verfahrens besteht die Controle nicht, wenn die Wirkungen der so gewonnenen Composita genauer beobachtet werden : die Wirkung ist oft sehr weit von der gehofften verschieden. Bei weitem die meisten Verbindungen von Mitteln geben ein pharmakodynamisch neues Medicament, in dessen Wirkung sich die Wirkungen seiner einzelnen Bestandtheile nur modificirt aussprechen. Dies ist für gewisse, häufiger versuchte, Verbindungen längst von allen Praktikern anerkannt (11); sollte es aber nicht von allen oder fast allen gelten? Den Beweis des Gegentheils hat noch niemand geführt; ziemlich zahlreiche Beweise dafür glaube ich in Fällen gesehen zu haben, wo ich Gelegenheit hatte, die Curen anderer Aerzte zu controliren.

Man kann nun zwar sagen: „es liegen für eine Menge bestimmter Combinationen die Prüfungen bereits vor, wir haben es also bei diesen schon mit bekannten Heilpotenzen zu thun, deren Zweckmäſsigkeit für einen gegebenen Fall wir sonach im Voraus würdigen können". Man kann sich dafür auf die allerdings äuſserst copiösen Empfehlungen in der Litteratur oder auf eigene Erfahrungen berufen. Mustert man aber jene Empfehlungen etwas näher, so findet man, daſs mindestens $\frac{9}{10}$ der mitgetheilten Erfahrungen rein therapeutischer Natur sind und über die physiologische Wirkung der Mittel-Combination schweigen oder doch nur ein und das andere hervorragende Symptom derselben (12) berühren. Es ist dies auch sehr begreiflich, wenn man erwägt, wie schwierig es ist, die physiologische Wirkung eines zusammengesetzten Mittels zu ergründen. Jeder erfahrene Experimentator weiſs, daſs es schwierig ist, auch nur von irgend einem, zumal innerlich angewandten, Mittel die physiologische Wirkung genau zu studiren: bei Gesunden wirken mäſsige Dosen zu wenig, rufen oft kaum erkennbare Erscheinungen hervor, und die durch krankhafte Zustände bedingten Richtungen der Wirkung (13) fallen

(11) Ich erinnere z. B. an Calomel und Digitalis, an Opium und Ipecacuanha, an die allgemein gangbaren Urtheile über die pharmakodynamische Bedeutung der in den Mineralquellen von der Natur dargebotenen Combinationen, u. s. w.

(12) Z. B. daſs sie eine gewisse Ausleerung hervorrufe, daſs sie excitire oder beruhige, Schmerz oder Krampf stille, od. dgl.

(13) Deren Kenntniſs doch oft zum Gesammtbilde der physiologischen Wirkung gehört. Daſs z. B. ein Mittel reizlindernd wirke, kann nur beim Vorhandenseyn einer Reizung ermittelt werden, ist aber ein wichtiger Zug in der physiologischen Wirkung.

ganz weg; bei Kranken wird es fast nur durch häufig wiederholte Anwendung desselben, und zwar ohne erhebliche Beimischung oder Beimengung angewandten, Mittels möglich, die Arzneisymptome von den Krankheitssymptomen zu sondern und aus der Verschiedenheit der in den einzelnen Fällen [14] sich darbietenden Arzneisymptome das Gemeinsame und Wesentliche, d. i. eben die physiologische Wirkung, zu eruiren. Will man aber statt Eines Mittels zwei mit einander combinirte in ihrer physiologischen Wirkung studiren, so steigt die Schwierigkeit nicht etwa bloſs auf das Doppelte, sondern in einem weit höheren Maaſse, weil die beiden Mittel chemisch nicht immer in gleicher Weise auf einander einwirken (denn die für chemische Vorgänge so wesentlichen äuſseren Bedingungen sind nicht immer gleich), — weil sie einander auch in ihrer chemischen und functionellen Einwirkung auf den Körper in verschiedenen Fällen verschieden modificiren, — und weil aus dieser zwiefachen Verschiedenheit eine ungemeine Mannigfaltigkeit der Wirkungen und Wirkungserscheinungen hervorgeht. Wenn ich, um die physiologische Wirkung mittlerer Dosen von Opium oder von Ipecacuanha einigermaſsen kennen zu lernen, für jedes dieser Mittel etwa 50 Krankheitsfälle brauche, so brauche ich, um für die physiologische Wirkung der beiden mit einander combinirten Mittel eben so weit zu kommen, mindestens 500. — Wollte man aber, verzichtleistend auf die Kenntniſs der physiologischen Wirkung der Mittel, mit der der therapeutischen Wirkung in gewissen Krankheiten sich begnügen, die ja im Vergleich zur physiologischen Wirkung ein minder Constantes, ein von zahlreicheren Bedingungen Abhängiges, ein mehr Zufälliges ist, — so hieſse dies: ein Bedingtes auffassen ohne die Bedingungen; man würde dabei jenem Araber in der Sage gleichen, der ein Stückchen Eis für einen Diamanten nahm und in der warmen Tasche aufbewahrte; — die älteren ärztlichen Schulen wuſsten's freilich oft nicht besser zu machen.

(14) Je nach der chemischen und physiologischen Constitution, chemischen und functionellen Reaction, der kranken Körper und insbesondre der Applicationsorgane.

§ 4.

Da ich nach § 3 selten, vielleicht nie, mit hinlänglicher Sicherheit von vorn herein berechnen kann, welche Medication in dem mir vorliegenden Falle die beste seyn werde, was für eine Compensation dieses Mangels kann ich wohl anwenden, um wenigstens das Meinige gethan zu haben, um wenigstens während der Behandlung mich der Sicherheit, und durch sie der vollkommenen Zweckmäfsigkeit, möglichst zu nähern? Die Antwort hierauf ist sehr einfach: Beobachten, wie das gestern verordnete Mittel bis heute gewirkt hat. „Probiren geht über Studiren."

Bei diesem Satze habe ich gewifs keinen Arzt gegen mich: es giebt wohl keinen, der jenes Beobachten nicht als eine reiche Quelle seiner eigenen Erfahrung und künftiger Bereicherungen der Medicin anerkennte, der nicht auch für die einzelnen Krankheitsfälle sich zu der weisen Maxime „*ex juvantibus et nocentibus*" bekennte. Sehen wir uns aber einmal im Leben um, ob denn auch wirklich genügend beobachtet wird. Ich werde später (15) Beweise im Grofsen dafür, dafs es nicht genügend geschieht, beibringen.

Man hat sich bei diesem Beobachten immer die Fragen zu stellen: wie viel von den Symptomen, die ich sehe oder in Erfahrung bringe, gehört der Krankheit, wie viel der Wirkung des verordneten Mittels an? Wie viel von dieser Wirkung ist erwünscht und von guter Bedeutung für die Folge, wie viel unerwünscht (zu stark, zu schwach oder qualitativ unangenehm)? Lässt sich das Unerwünschte der Anwendungsweise zuschreiben und mithin durch eine Modification derselben wahrscheinlich beseitigen, oder mufs das ganze Mittel gewechselt werden? Wie schwierig diese Fragen oft zu beantworten sind, weifs jeder Erfahrene, und dafs die Schwierigkeit nicht in arithmetischer, sondern in geometrischer Progression mit der Zahl der ins Spiel gesetzten Wirkungs-Richtungen — also

(15) Am Schlusse dieses § und in den §§ 5 — 7.

auch mit der Zahl oder der Complicirtheit der Mittel — steigt, begreift Jeder.

Ich habe vor etwa 12 Jahren mir für innerliche Mittel (als die im Ganzen wichtigsten) die Aufgabe gestellt, zu ermitteln, wie weit ich wohl im Stande sei, jene Fragen auch bei mehr als Einem gleichzeitig angewandten Mittel noch mit der wünschenswerthen Schärfe zu beantworten; ich habe zu dem Ende fast bis auf den heutigen Tag unzählige Krankenbesuche auch für diesen Zweck sorgfältig benutzt, und glaube mir in dem für diese Beobachtungen nöthigen Unterscheiden allmählich eine grofse Uebung erworben zu haben. Ich benutzte unter anderen auch solche Berathungen mit zwei Collegen, wobei ich, überstimmt, die gleichzeitige Anwendung von mehr als 2 wesentlich verschiedenen Mitteln nicht hindern konnte. Am belehrendsten waren mir gewöhnlich chronisch kranke und etwas empfindliche Damen; diese gaben bei einfachen Mitteln oft die Wirkungssymptome so genau und fast so umfassend an, als hätten sie sie in einem Lehrbuche der Pharmakodynamik gelesen, während nach zusammengesetzten Verordnungen die Angaben unklar ausfielen. So bin ich denn allmählich, nicht durch theoretisirendes Nachdenken, sondern durch tausendfältige, auf jenen Punct gerichtete Beobachtungen, zu folgenden Erfahrungen gelangt:

1) Wenn ich gestern einem Kranken ein einfaches Mittel verordnet habe und heute mir erzählen lasse, wie es ihm ergangen, so ist es meistens schon sehr schwierig, Das, was der Wirkung des Mittels angehört, von Dem, was auch ohne das Mittel erfolgt seyn würde, zu sondern. Ja in einer gewissen Vollständigkeit gelingt dieser Procefs, bei dem man sich vor einem Mifsbrauche des Schlusses „*post hoc, ergo propter hoc*" (16) nicht vorsichtig genug wahren kann, eigentlich nur

(16) Dieser so oft getadelte Schlufs ist nicht absolut unrichtig, sondern nur so lange ungültig, als er für eine und dieselbe Frage nicht oft genug wiederholt worden. Wie oft die Wiederholung nöthig sei, um ihn für unseren menschlichen Standpunct gültig und richtig zu machen, hängt hauptsächlich von der Complicirtheit der Frage ab. Weder der schlichte Verstand des gemeinen Mannes, noch die Naturwissenschaften, auch die »exacten« nicht ausgenommen, können ihn entbehren; ja es würde ohne ihn keine Naturwissenschaft existiren.

dadurch, daſs ich eine gröſsere Zahl von ähnlichen Krankheitsfällen, in denen theils dasselbe Mittel, theils gar keines angewandt worden, mit einander vergleiche — eine Operation, zu welcher oft nur Epidemien das Material bieten. — Wenn aber zwei (wesentlich verschiedene, Haupt-) Mittel mit einander combinirt angewandt wurden, so ist das Sondern schon weit schwieriger, ja oft unmöglich; und wenn gar drei (oder mehrere) Hauptmittel in Einer Formel verordnet wurden, so wird das Sondern und hiermit jede gründlichere Beobachtung der Wirkung für meine beschränkte Einsicht so gut als unmöglich.

2) Wenn ich ein einfaches Mittel verordne, so erfahre ich, sobald so viel Zeit verflossen ist, als das Mittel zur vollkommenen Entfaltung seiner Wirkung braucht — wozu bei manchem Mittel nur Minuten, bei anderen freilich Stunden, Tage oder selbst Wochen gehören —, in den meisten Fällen aber schon beim nächsten Besuche, ob das Mittel in dem vorliegenden Falle zusagt oder nicht. Ich erfahre auch oft, weshalb es nicht vollkommen zusagt, z. B. daſs ich die Dose etwas zu stark oder zu schwach gegriffen, oder die Form der Arznei minder passend gewählt, gewisse nachtheilige Eigenschaften eines Mittels nicht hinlänglich corrigirt habe. Ich erfahre dies Alles zwar nur als wahrscheinlich, aber oft, zumal in Epidemien, mit einem so hohen Grade der Wahrscheinlichkeit, daſs ich mich von dieser mit gutem Gewissen darf leiten, also bestimmen lassen, das Mittel etwa gegen ein anderes zu vertauschen, oder die Dose, die Form zu ändern. Nicht so, wenn 2 Mittel combinirt angewandt worden sind; denn hier bin ich, wenn die Combination nicht zusagt, ungewiſs, welches von beiden daran Schuld sei, ob nicht vielleicht das eine der Wirkung des anderen geschadet habe, ob ich eines von beiden, und welches, oder beide weglassen oder nach Dose oder Form ändern soll, — eine übermäſsig verzweigte Ungewiſsheit zum groſsen Nachtheil des Kranken. Sind vollends 3 oder noch mehr Mittel combinirt angewandt worden, so tappt man ganz und gar im Finstern. (17)

(17) Die unter 1) und 2) mitgetheilten Erfahrungen werden mich rechtfertigen, wenn ich in § 29, Art. 3 gerade auf der Zahl 2 als Maximum bestehe.

3) Wer mit einfachen Mitteln umsichtig experimentirt, dem genügen bei einer Epidemie oft schon die ersten 6—12 Fälle, um ihn mit dem Werthe eines gewissen Mittels für diese Epidemie, und zwar mit dem Werthe sowohl absolut als auch im Vergleich zu andern Mitteln und zum Zuwarten aufgefasst, genügend bekannt zu machen. Er wird dadurch zunächst für diese Epidemie, in einem geringeren Maafse aber auch — da, wenn nicht Gleiches, wenigstens Aehnliches wiederkehrt — für seine ganze künftige Laufbahn, ein glücklicherer Arzt. Ein Arzt, der in der Regel mit componirten Mitteln experimentirt, wird durch zwanzig Epidemien nicht so gefördert werden als jener durch Eine. Das begriff, unter Anderen, der alte **Rademacher** sehr gut : ohne dafs er an die exacten Methoden der neueren Naturforschung gewöhnt und dadurch unterstützt, ohne dafs seine Philosophie die schärfste gewesen wäre, scheint ihn doch oft ein richtiger Tact zu einem sinnigen Experimentiren bei Epidemien geführt zu haben, und da seine Mittel ziemlich einfach waren (wenigstens einfacher als die der Mehrzahl der Zeitgenossen), so scheint er in der Praxis oft zu recht glücklichen Resultaten gelangt zu seyn [18].

Die obigen Sätze 1) und 2) gelten nun freilich zunächst nur für mich; für Scharfsichtigere mag die Grenze des Erkennbaren ansehnlich weiter gesteckt seyn; aber einer verhältnifsmäfsigen Sterilität der Beobachtungen wird bei complicirter Medication auch der Scharfsichtigste nicht entgehen.

Wie sehr die complicirten Arzneiverordnungen den Fortschritten der Medicin und dem Wohle unzähliger Kranken geschadet haben, lässt sich sehr im Grofsen dadurch nachweisen, dafs gewisse Seiten der Arzneiwirkungen, die dem einfach Verordnenden sich alltäglich zur Beobachtung aufdringen, und deren genauere Beachtung für den einzelnen Krankheitsfall sehr wichtig, auch in der Regel nicht zu schwierig ist, bisher weder in den Lehrbüchern noch in der Praxis genü-

(18) Bei denen man nur bedauern mufs, dafs es ihm nicht gelang, sie einigermafsen wissenschaftlich darzulegen und dadurch für die objective Medicin assimilirbar zu machen.

gend beachtet worden sind; ich meine die Belästigungserscheinungen (§ 5), die Wirkungsdauer (§ 6) und die Wirkungscumulation (§ 7).

§ 5.

Wenn man Arzneimittel innerlich in zu grofsen Gaben giebt, so bewirken sie alle — gleich anderen nicht alsbald entfernbaren Massen im Speisecanal — Erscheinungen, die ich mir erlaube, durch das Wort Belästigungserscheinungen zusammenzufassen : Appetitlosigkeit, Aufstofsen mit fremdartigem Geschmack, Druck oder Hitze im Magen, Aufblähung des Unterleibs, Kolik, Uebelkeit, Erbrechen, Diarrhöe u. dgl. Die Erscheinungen sind nicht in jedem einzelnen Falle genau dieselben, aber doch im Ganzen immer ähnlich.

Es machen von dieser Regel auch die mildesten Arzneimittel — wie z. B. die Demulcentien — keine Ausnahme; ja es thun dasselbe bekanntlich sogar alle Nahrungsmittel. In Beziehung auf den Durchfall machen auch solche Mittel oft keine Ausnahme, die sonst zu unseren sichersten stuhlanhaltenden Mitteln gehören (Opium, manche Demulcentien).

Begreiflich aber sind die Quantitäten, welche ingerirt werden müssen, wenn Belästigungserscheinungen auftreten sollen, sehr verschieden nach der Natur der Arzneimittel und nach der Individualität des Krankheitsfalles. Auch der Aggregatzustand und die Form der Arzneimittel bedingt Unterschiede : feste Mittel belästigen leichter als flüssige, Pillen leichter als Pulver; im Allgemeinen belästigen solche Mittel besonders leicht, aus denen der Speisecanal einen flüssigen Auszug macht, wobei ein ansehnliches Residuum unlöslichen festen Stoffes bleibt; also namentlich Vegetabilien in Substanz genommen, während ein bereits vom Apotheker besorgter flüssiger Auszug aus ihnen weit weniger belästigt.

Es sind diese Belästigungserscheinungen als eine Reaction des Körpers zu betrachten [19], und sie schützen den Körper

(19) Strenger genommen müfste man vielleicht noch zwischen eigentlichen Belästigungserscheinungen (Appetitlosigkeit, Aufblähung des Unterleibs, Kolik, Uebelkeit) und Reactionserscheinungen (Aufstofsen, Hitze im Magen, Erbrechen, Diarrhöe) unterscheiden.

oft — wenn es nämlich zu Ausleerungen nach oben oder unten kommt — gegen *omne nimium.* Dem Begriffe nach hat man sie wahrscheinlich zu unterscheiden von den Zeichen der Reizung des Speisecanals, welche durch scharfe (irritirende) Mittel hervorgerufen werden. Aber in manchem concreten Falle kann die Unterscheidung schwierig werden, denn die scharfen Mittel rufen, in den milderen Graden ihrer Wirkung, sehr ähnliche Symptome hervor. Doch geben die Gröfse der ingerirten Quantität, die Oertlichkeit der Erscheinungen [20], manche begleitenden Erscheinungen [21] u. s. w. gewöhnlich das nöthige Licht. Es fragt sich übrigens, ob nicht auch begrifflich die beiden Reihen von Erscheinungen sich näher stehen, als wir jetzt noch glauben möchten. Sie sind vielleicht nur relativ von einander unterschieden, so dafs auch die Belästigungserscheinungen auf einem, nur geringeren, Grade von Reizung beruhen. In diesem Falle brauchte man das besondere Wort Belästigungserscheinungen nicht, sondern könnte auch hier von Reizungserscheinungen sprechen; ich glaube jedoch, dafs wir gut thun, eine solche Vermuthung vorläufig noch nicht auf unsere Sprechweise influiren zu lassen, vielmehr uns bis auf Weiteres des unverfänglichen, möglichst rein nur das Thatsächliche aussprechenden, eben deshalb von mir gewählten Wortes zu bedienen.

Die Belästigungserscheinungen scheinen bisweilen auch (vielleicht von einer Art Wirkungscumulation abhängend [22]) mehr chronisch oder, mit andern Worten, bei manchen Mitteln dann aufzutreten, wenn man den Gebrauch zu lange fortsetzt. So z. B. glaube ich wiederholt dergleichen bei länger fortgesetztem Gebrauch kleiner Gaben von Bleimitteln gesehen zu haben. —

(20) An tieferer Stelle des Speisecanals hat man eher Erscheinungen von Reizung einer vielleicht schon von früher her empfindlichen Stelle anzunehmen.

(21) Fieber z. B., namentlich ein stärkeres, spricht mehr für Reizungs-Erscheinungen.

(22) Denn es ist ja bekanntlich nachgewiesen, dafs für länger im Körper verweilende fremdartige Stoffe oft ein Kreislauf aus der Leber u. s. w. in den Speisecanal und zurück stattfindet. Es könnten mithin bisweilen ältere, bereits absorbirt gewesene, Portionen, indem sie mit neu aufgenommenen im Speisecanal zusammentreffen, eine belästigende Gesammtmenge ergeben.

Daſs, wenn ein Mittel Diarrhöe oder Erbrechen macht, die Wirkungen in vom Speisecanal entfernten Organen, überhaupt die allgemeinen Wirkungen, schwächer hervortreten, — daſs, auch wenn nicht gerade Diarrhöe oder Erbrechen, sondern nur andere der oben aufgeführten Belästigungserscheinungen sich zeigen, die Mittel oft weniger vortheilhaft wirken [23], — daſs in diesen Beziehungen viele Mittel sorgfältig überwacht werden wollen, — weiſs jeder Arzt. Es ist also der Begriff der Belästigungserscheinungen keinem Arzte fremd. Wie ungenügend aber bisher die Medicin diesen wichtigen Artikel ins Auge gefasst hat, geht sehr unzweideutig daraus hervor, daſs noch kein passender Collectivausdruck dafür gewählt worden [24], und daſs die Lehrbücher der Pharmakologie, statt im Allgemeinen über die Sache zu sprechen, noch bei hundert einzelnen Mitteln die Belästigungserscheinungen einzeln und mit variirenden Ausdrücken aufführen, als wären sie etwas einzelnen Mitteln Eigenthümliches, während sie doch eine der allgemeinsten Erscheinungsreihen bei allen möglichen Mitteln bilden. Gewiſs hätten die Aerzte die Sache längst richtiger aufgefasst, wenn sie einfacher verordneten, denn mit dem einfacheren Verordnen würde, wenn nicht ein geschickteres Wählen der Arzneiformen, jedenfalls mehr methodisches Ab- und Zuthun in den Dosen Hand in Hand gegangen seyn, und hierbei hätte die richtigere Auffassung wenigstens den aufmerksameren Aerzten nicht entgehen können.

§ 6.

Zu den beachtenswerthesten Eigenschaften eines jeden Arzneimittels gehört begreiflich auch seine Wirkungsdauer.

(23) Sonder Zweifel, weil in beiderlei Fällen die Absorption weniger normal (weniger vollständig oder weniger rasch) erfolgt und, zumal bei etwas längerer Fortsetzung der Medication, auch die Ernährung des Körpers leidet.

(24) Denn „Schwerverdaulichkeit" eines Mittels, welcher Ausdruck oft dafür gebraucht wird, drückt etwas Anderes aus, passt also im Allgemeinen nicht, obwohl in vielen Fällen die Belästigung, wenigstens zum Theil, von der Schwerverdaulichkeit abhängt.

Wir sind freilich für das Messen derselben fast immer auf einen unsicheren Maaſsstab angewiesen: die zur Wahrnehmung gelangenden Erscheinungen der Wirkung [25]; und sonder Zweifel finden wir mit diesem Maaſsstabe die Dauer oft kürzer als sie ist. Indeſs auch dieser unvollkommene Maaſsstab giebt uns noch mannigfach werthvolle Data.

Die Wirkungsdauer ist für jedes Mittel nur innerhalb einer gewissen, verhältniſsmäſsig ansehnlichen Breite constant, schwankt also in den einzelnen Fällen beträchtlich. Schon diese Differenzen bieten für manchen Fall etwas Charakteristisches und können ein Zeichen mehr für den Zustand des Speisecanals oder des Nervensystems u. s. w. abgeben.

Noch directer wichtig aber ist die Wirkungsdauer, um zu bestimmen:

1) wie bald nach dem Beginn der Medication wir annehmen können, daſs die volle Wirkung des Mittels eingetreten sei, um daraus zu schlieſsen, ob es in dem vorliegenden Falle zusage und für den ferneren Verlauf der Krankheit viel oder wenig hoffen lasse;

2) in welchen Fristen die Gaben zu wiederholen seien (zumal in solchen Fällen, wo es darauf ankommt, den Kranken ununterbrochen in der Wirkung des Mittels zu halten);

3) wie lange nach dem Aufhören der Medication noch Nachwirkung zu erwarten oder als erfolgt anzunehmen sei, um danach entweder uns über die Beendigung der Medication zu entscheiden, oder, wenn die Beendigung erfolgt ist, irgend ein Symptom rücksichtlich seiner Ursache, seiner semiotischen oder prognostischen Bedeutung richtiger zu würdigen.

Für alle diese Bestimmungen sind wir bei einem uns noch neuen Kranken natürlich nur auf allgemeine Erfahrungen angewiesen; je öfter und länger aber wir ihn genau beobachten,

[25] Zu diesen gehören auch die Veränderungen der Excretionen, besonders des Harns, das Erscheinen gewisser für ein Mittel charakteristischer Bestandtheile in denselben; dieses Erscheinen lässt sich oft durch wiederholte Untersuchungen verfolgen, und das kann sehr werthvoll werden; aber einen sicheren Maaſsstab bietet — aus mancherlei Gründen, deren Erörterung von unserm Thema zu weit abführen würde — auch ein solches Verfolgen nicht.

desto mehr wird es uns möglich, auch in dieser Beziehung treffend zu individualisiren, und namentlich in dem zweiten Puncte (Wiederholung der Gaben) frühere Verordnungen zu verbessern.

Das Beobachten der (scheinbaren) Wirkungsdauer unterliegt den allgemeinen Schwierigkeiten der pharmakologischen Beobachtungen und manchen besonderen, z. B. bei manchen Mitteln der Nothwendigkeit, die Dauer der Erstwirkung und die der Nachwirkung zu unterscheiden, — sehr gewöhnlich der Schwierigkeit, den Kranken so oft zu sehen als es für die gehörige Beobachtung der Dauer der Erstwirkung nöthig wäre, — u. s. w. Es lässt sich indefs doch auch hier bei einiger Uebung viel erreichen, zum Vortheil des einzelnen Kranken, wie zur Förderung der gesammten Erfahrung des beobachtenden Arztes und der objectiven Wissenschaft. Componirt verordnen aber wird, aus von selbst einleuchtendem Grunde, zum gröfsten Beobachtungshindernifs.

§ 7.

Die Wirkungs-Cumulation (darin bestehend, dafs von früher und später eingeführten Portionen des Mittels die Wirkungen sich addiren und hierdurch eine über Erwartung starke Gesammtwirkung hervortritt) ist eine bekannte Erscheinung, die man noch weit häufiger als bisher, ja fast täglich beobachten würde, wenn man mehr darauf achtete und mehr einfach verordnete.

Man mufs zweierlei Arten derselben sorgfältigst unterscheiden :

1) eine mehr gleichmäfsig steigende, bei welcher aber, sobald ein gewisser Höhepunct erreicht ist, — Gleichbleiben der Dosen vorausgesetzt — Stabilität eintritt. Diese Art, welche sich bei leichtlöslichen, leicht absorbirbaren Mitteln zu zeigen pflegt, ist uns oft therapeutisch sehr erwünscht, ja zur Erreichung des vollen Zwecks der Medication unentbehrlich. Begreiflich wird derjenige Arzt sie am sichersten herbeiführen und unterhalten, der sein Mittel rein verordnet und sich nicht durch ein zweites

Mittel die Beobachtung des Grades und der Dauer der Wirkung erschweren oder durch Belästigungserscheinungen oder andere Hindernisse den Fortgebrauch der ganzen Mittel-Combination verbieten lässt.

2) eine mehr ruckweise sich äufsernde. Diese pflegt sich bei schwieriger löslichen, schwieriger absorbirbaren Mitteln zu zeigen [26], mag nun die Schwierigkeit der Lösung und Absorption in der chemischen Natur des Mittels oder — wenn ich schon hier einmal auf das Gebiet äufserlicher Applicationen übergehen darf — in der Natur des gewählten Applicationsorgans liegen. Ich kenne sie — bei weitem mehr aus fremden als aus eigenen Erfahrungen — besonders von Brechnufs, Colchicum, Digitalis, manchen schwerlöslichen Verbindungen schwerer Metalle (z. B. Calomel), äufserlich applicirter arsenigen Säure und endermisch applicirten Mitteln. Sie wird bekanntlich oft sehr unangenehm, ja gefährlich. Man mufs sie, aufser der Beförderung der Lösung, auch zu vermeiden suchen durch hinlänglich fractionirte Gaben und durch sorgfältiges Achten auf die ersten Zeichen einer sehr starken Wirkung, um wenigstens, sobald diese sich zeigen, alsbald mit ferneren Gaben aufzuhören. Zu ermessen aber, was im einzelnen Falle eine hinlänglich fractionirte und doch nicht zu schwache Gabe sei, — und zugleich die ersten warnenden Symptome leicht und sicher zu erkennen, — diese Aufgabe wird man begreiflich am besten lösen, wenn man sich durch kein zweites Mittel die Beobachtung des ersten erschwert. [27]

[26] Z. Th. scheint sie auch ohne diese Bedingung aufzutreten, vgl. z. B. **Hunt**, Jahrbb. d. Med. 1851. März. 295 Sp. 2 Z. 25 — 29.

[27] Man wird durch die Erscheinungen der Wirkungscumulation sehr lebhaft erinnert an ähnliche, ebenfalls bald mehr stetig, bald mehr ruckweise sich äufsernde Erscheinungen einer durch neue Portionen eines Reagens verstärkten Einwirkung bei vielen chemischen Arbeiten. Vielleicht wird man noch einmal die Wirkungscumulation, wenn ihre Erscheinungen etwas genauer, zumal nach Maafs und Zahl (durch geeignete Versuche an Thieren), studirt sein werden, als einen Beweis mehr (zu manchen anderen) für den Satz benutzen können, dafs in letzter Instanz alle Einwirkungen der Arzneimittel chemisch-physikalischer Natur oder doch von chemisch-physikalischen Veränderungen unzertrennlich begleitet sind.

§ 8.

Wenn (nach den §§ 4—7) die Wirkung zusammengesetzter Mittel nicht genau genug beobachtet werden kann, so ist von selbst klar, daſs sie auch für den Fortgebrauch nicht hinlänglich genau regulirt werden kann.

Ferner: Um bei einer Krankenberathung die bisher beobachtete Medication für die nächst bevorstehende Zeit neu und möglichst passend dem Grade nach reguliren zu können — von welchem ja oft sogar die Art derselben (28) und hiermit der therapeutische Erfolg, noch weit häufiger aber direct der Erfolg abhängt —, ist unter Anderm nöthig, daſs man rechne (29).

Dieses Rechnen ist eine starke, aber — wie § 9 noch weiter motiviren wird — unerläſsliche Anforderung an den Arzt (30). Er muſs zu dem Ende auſser einer Anzahl allgemein gültiger (Normal-) Zahlen stets auch noch viele solche im Gedächtniſs

(28) Jedermann weiſs, daſs Brechweinstein, Ipecacuanha, Calomel, Gutti, Rhabarber, Opium, Kupfervitriol, Zinkvitriol und manche andre sehr werthvolle Mittel in verschiedenen Dosen sehr verschiedene, der Art nach verschiedene Wirkungen äuſsern, — daſs nicht wenige Mittel bei zu geringen Dosen gar nichts leisten, bei zu groſsen sich unerwünscht in Brech- oder Abführ-Mittel verwandeln (Belästigungswirkung), — u. s. w. Diese Erfahrungen werden sich sonder Zweifel bei künftig häufigerem genauen Beobachten noch vervielfältigen und wahrscheinlich bald zur umfassenderen Gewinnung wichtiger allgemeinen Lehrsätze führen, von denen gegenwärtig nur ein schwacher Anfang vorliegt.

(29) Hier meine ich — anders als in Note 10 — ein wirkliches Rechnen. Ich kann z. B. nur dann mit Sicherheit für heute die Dosen eines Mittels auf ½ Gran, oder die Tagesportion auf 1 Dr., verbessernd (regulirend) bestimmen, wenn ich weiſs, daſs der Kranke gestern schon bis zu Dosen von ⅜ Gran, zu einer Tagesportion von 2 Scr., gestiegen ist.

(30) Nur manchen älteren Aerzten möchte diese Anforderung, weil sie ihnen neu ist, unbillig erscheinen. Wer sich noch erlaubt, stark wirkende Mittel so zu verordnen [z. B. in Pillen, deren Zahl er in Folge eines »*f. Pilulae pond. Gr.* 2« nicht kennt], daſs er gar nicht weiſs, wie viel wirksamen Stoffs der Kranke in jeder Einzelgabe empfängt, Der mag zwar anderweitig ein sehr respectabler Arzt seyn, darf sich aber nicht rühmen, Arzneimittel geschickt anzuwenden.

haben, welche sich auf seine gegenwärtigen Patienten beziehen, so dafs bei jeder neuen Verordnung ihm der bisherige Gang der Medication, jedenfalls doch der letzte Theil desselben, den Zahlen nach bekannt sei (31). Es ist jedem Arzte zu rathen, sich diese Aufgabe nicht durch zusammengesetzte Verordnungen noch schwerer zu machen. Irrungen, sehr zum Schaden des Patienten, liegen hier ohnehin stets gefährlich nahe. Die Erschwerung durch das Componiren würde oft so weit gehen, dafs alles Rechnen illusorisch würde; denn zu schätzen, wie grofs durch das Zusammenwirken zweier differenten Mittel die Bewegung im kranken Körper werden könne, ist wahrlich nicht mit einem Additionsexempel abgemacht. —

Es wird hoffentlich niemand in dem häufigen Rechnen, welches ich dem Arzte zumuthe, eine Beeinträchtigung des künstlerischen Charakters der ärztlichen Praxis finden. Der Architect, der Bildhauer, der Componist, müssen noch weit häufiger, auch der Maler mufs noch häufig und sogar der Dichter bisweilen, rechnen. Auch der Feldherr, dessen Thätigkeit man ebenfalls als eine künstlerische ansprechen und in vielen Beziehungen mit der ärztlichen vergleichen darf, mufs noch weit mehr rechnen. — Wohl aber hat man das Rechnen, welches ich verlange, so wie die gesammte von mir desiderirte umsichtigere Handhabung der Arzneimittel als ein erweitertes Individualisiren bei der Krankenbehandlung und als eine hierdurch bewirkte neue Annäherung (neben manchen älteren) zu den exacten Beobachtungsweisen der reinen Naturwissenschaften anzuerkennen (32).

(31) Tagebuch führen erleichtert und sichert das Behalten dieser letzteren Zahlen, namentlich für solche Kranke die man nicht täglich sieht, löst aber nicht die ganze Aufgabe, da man ja die Tagebuchsblätter in der Regel nicht, und selbst einzelne Notizen daraus nicht immer, mit sich führen kann.

(32) Es kann die theoretische und praktische Medicin in den Untersuchungs-Methoden so exact werden wie die reinen Naturwissenschaften, — freilich nicht in den Resultaten, weil die Beobachtungsobjecte zu mannigfaltig, und besonders weil die Beobachtungen immer zu complicirt sind. Die erste Hälfte dieses Satzes wird mir namentlich Derjenige gern zugeben, der die Genauigkeit mehr in der logischen Strenge gegen sich selber, welche der Untersuchende sich zur Pflicht macht, als in Formen oder Schematen sucht.

§ 9.

Man kann überhaupt nur mit einfachen Mitteln recht entschieden und sicher wirken, qualitativ und quantitativ entschieden, der Art und dem Grade nach. Oder mit anderen Worten : der Arzt kann nur bei einfachen Mitteln die Art und den Grad der Wirkung recht beherschen.

Rücksichtlich des Grades der Wirkung habe ich Beweise für meinen Satz schon im Früheren anticipiren müssen. Ich habe aber hier noch daran zu erinnern, daſs wir nicht ganz selten, in sehr dringenden und gefährlichen Fällen, die Wirkung unserer Mittel bis zum Gefährlichen erhöhen müssen (so bisweilen bei narkotischen, ausleerenden, excitirenden Mitteln u. s. w.). Es trifft uns hierbei kein Vorwurf der Vermessenheit, wenn, was wir verordnen, nur sinnig gewählt und weniger gefährlich als die Krankheit ist. Aber wir müssen uns bewusst bleiben, daſs wir den Kranken auf dem schmalen Saume zwischen zwei Abgründen führen, müssen die Wirkung unserer Verordnung aufs Schärfste überwachen, und sind gewiſs kaum jemals moralisch berechtigt, uns diese Aufgabe durch gleichzeitige Anwendung zweier Mittel zu erschweren.

Aber auch in gewöhnlicheren, nicht so bedenklichen Fällen lässt sich die Entschiedenheit [33] des Grades der Wirkung, von welcher sehr oft auch die Entschiedenheit der Art abhängt, bei der Tage oder Wochen lang fortgesetzten Anwendung einer Medication oft nur dadurch fortdauernd wahren, daſs man verhältniſsmäſsig häufig mit den Dosen steigt oder fällt, und zwar immer in dem Maaſse, wie es im Augenblick durch die Antecedentien des Falles plausibel wird. Verabsäumt man das, so wird der Grad der Wirkung durch mannigfache Ursachen häufig in einer für den Kranken unvortheilhaften Weise geändert (durch Wirkungscumulation verstärkt, durch Gewöhnung geschwächt, durch die Veränderungen im Gange des Krankheits-

(33) Man darf hier für Entschiedenheit nicht etwa Constanz setzen, denn der Grad soll nicht immer constant bleiben, sondern oft dem Gange der Krankheit sich, steigend und fallend, anschmiegen.

processes und durch mancherlei äufsere Einflüsse bald verstärkt, bald geschwächt). Der Nachtheil hiervon besteht im glücklicheren Falle nur darin, dafs Zeit verloren wird, im minder glücklichen darin, dafs man zu falschen Schlüssen über die Leistungen des Mittels bei dem vorliegenden Patienten gelangt und mitunter sich zu einem nicht gerechtfertigten Verwerfen des besten Mittels bestimmen lässt. —

Jenes umsichtige Steigen und Fallen mit den Dosen ist so wichtig, dafs dadurch nicht selten ein minder passend gewähltes Mittel mehr leistet als in der Hand eines weniger aufmerksamen Arztes das passendste. Auf einem Umwege gut gegangen führt oft sicherer und rascher zum Ziel als auf dem geraden Wege gestolpert. Hierin liegt eine grofse Beruhigung für den jungen Arzt. Arzneimittel passend auswählen ist sehr schwierig, und trotz bester Benutzung der klinischen Belehrungen und der Lectüre thut es der junge Arzt dem erfahrneren hierin oft nicht gleich; die ausgewählten Mittel aber, wenn sie einfach sind, controliren, reguliren und corrigiren ist schon viel leichter, der junge Arzt ist dieser Aufgabe fast eben so sehr gewachsen als der ältere, und er kann dadurch oft den Vorzug des Anderen auf ein sehr Geringes reduciren, oft selbst compensiren oder überbieten. Es ist mir verhältnifsmäfsig häufig geglückt, in chronischen Krankheiten, wo ich nach einem anderen Arzte consultirt wurde, mit demselben Mittel, aufmerksam benutzt, zu heilen, mit welchem mein Vorgänger nichts ausgerichtet hatte. — Es bedarf kaum der Bemerkung, dafs für eine solche geschickte Handhabung der Mittel die pharmakodynamische Einfachheit derselben nothwendige Bedingung ist. Ich bin deshalb gewöhnt, wenn ich, wie nicht ganz selten, nach gewissen Aerzten älterer Schule komme, die fast immer nur componirt verordnen, bei denen ich also voraussetzen mufs, dafs sie aus Mangel an Uebung kein Mittel geschickt zu handhaben verstehen, — die von ihnen bereits fruchtlos versuchten Mittel als noch nicht versucht zu behandeln. —

Rücksichtlich der Entschiedenheit in der Art der Wirkung habe ich auch noch geltend zu machen, dafs jedes Arzneimittel, sehr begreiflich, seine Wirkung um so reiner, entschiedener und kräftiger zu entwickeln pflegt, je weniger andere, zumal pharmakodynamisch verschiedene, Mittel mit ihm im Körper zusammentreffen. Zwei gleichzeitig eingegebene Mittel kreisen ja alsbald mit einander in der Blutmasse und gelangen durch diese mit einander zu jedem Organ und System des Körpers; wie wäre es wohl denkbar, daſs sie einander hierbei in ihrer Wirkung nicht beeinträchtigten? Zum Ueberfluſs darf ich mich für die aposteriorische Bestätigung meiner Behauptung wohl auf alle umsichtigen ärztlichen Experimentatoren berufen.

Während bei der Auswahl der Nahrungsmittel Mannigfaltigkeit herschen muſs, damit der Körper sich fortdauernd mit Leichtigkeit die verschiedenartigen Stoffe, deren er zu gedeihlicher Ernährung bedarf, in der nöthigen Menge aneignen könne, und damit jedes einseitige Vorwalten des einen oder andern Ernährungs-Factors sicher vermieden werde, — während die Nahrungsmittel zur Unterhaltung und Anregung sehr zahlreicher und mannigfaltig verschiedener Vorgänge dienen, — sollen dagegen die Arzneimittel in den meisten Fällen

entweder einen fehlerhaft gewordenen Chemismus des Körpers oder einzelner Theile durch eine dem Fehler entgegengesetzte Einseitigkeit verbessern,

oder doch, wenigstens nach der Absicht des besseren, des physiologischen Arztes, nur eine oder die andere functionelle Aenderung hervorrufen (z. B. eine Beschleunigung oder Verlangsamung des Blutumlaufes, die Vermehrung Einer Secretion oder höchstens zweier, od.dgl.).

Im ersteren Falle ist die Einseitigkeit direct gefordert, und wenn wir auch nicht immer genau angeben können, was dem kranken Körper Noth thue, so hoffen wir doch wenigstens, das Rechte zu treffen, und treffen es auch oft, wenn nicht beim ersten Griff, doch durch ein zweckmäſsiges Experimentiren; bei zusammengesetzterer Medication aber hätten wir fast immer zu fürchten, daſs Das, was Noth thut, dem Körper nicht in gehöriger Menge geboten werde.

Im letzteren Falle ist wenigstens diejenige Entschiedenheit gefordert, welche in der Regel nur von einer einseitigen Arzneiwirkung erwartet werden kann.

Also mannigfaltige Diät, einfache Medication! (34)

§ 10.

Die in den §§ 3—9 vorgetragenen Gründe gegen das Componiren sind, was wir den Gegnern gern einräumen, zu einem gröfseren Theil subjectiver als objectiver Natur, zu einem gröfseren Theil begründet in der Beschränktheit unseres Wissens und in der grofsen Schwierigkeit, unter sehr complicirten Verhältnissen hinlänglich scharf zu beobachten, als in der Natur der Arzneimittel und der Krankheiten.

Wir müssen deshalb nicht blofs unseren Nachkommen die moralische Berechtigung zugestehen, in Folge weiterer Fortschritte hie und da [vgl. z. B. § 26] beim Verordnen der Arzneimittel wieder, nachdem wir einfacher geworden sind, zum Zusammengesetzteren zurückzukehren, sondern wir müssen auch schon jetzt jedem einzelnen Arzte einräumen, dafs er für gewisse Fälle wissenschaftlich oder künstlerisch berechtigt seyn kann, sich Abweichungen (wie ich selber im Folgenden solche plausibel machen werde) von der Regel der Einfachheit zu erlauben. Bei allen diesen Concessionen müssen wir freilich die Bedingung aufrecht erhalten, dafs triftige Gründe (wie wir dergleichen im Folgenden zur Sprache bringen werden) für den einzelnen Fall die Ausnahme rechtfertigen, und müssen gegen die Leichtfertigkeit protestiren, mit welcher bisher ein grofser Theil der Aerzte sich für zahlreiche Ausnahmen auf vage Erfahrungen, auf „praktischen Tact“ u. dgl. berief.

§ 11.

Einfachheit der Verordnungen ist auch der sicherste Schutz gegen unerwünschte chemische Umsetzungen. Sie reicht weiter

(34) Dabei darf man freilich nicht vergessen, dafs dieselbe Einseitigkeit, welche heute genützt hat, unter Umständen schon morgen schaden kann; man soll also die Einseitigkeit zur rechten Zeit zu unterbrechen wissen und daran denken, dafs Arzneimittel im Allgemeinen weit weniger lange fortgebraucht werden dürfen als Nahrungsmittel, und zwar um so weniger lange, je mehr sie chemisch different oder functionell stark sind.

als selbst gute chemische Kenntnisse, viel weiter als die Warnungstafeln der pharmakoprostaktischen Bücher; diese Hülfsmittel genügen allerdings in der Regel für das Zusammentreffen rein anorganischer Agentien, lassen aber bei organischen, zumal Rohstoffen und deren galenischen Auszügen, häufiger im Stich. Viele Aerzte denken — oder thun als dächten sie — nicht daran, dafs auch in den Rohstoffen sehr kräftige chemische Agentien vorkommen, — dafs hier, wenn auch oft nicht die eigentlichen Hauptbestandtheile, doch sehr gewöhnlich die begleitenden Salze, zumal die sauren, zu den kräftigen chemischen Agentien gehören, — und dafs zu mehrerer Steigerung der Unsicherheit diese Begleiter qualitativ und quantitativ stark variiren, was in Verbindung mit der verschiedenartigen magistral-pharmaceutischen Behandlung der Rohstoffe meist sehr verschiedenartige Umsetzungen möglich macht. Dies aber ignoriren heifst: mit dem Straufs den Kopf in den Busch stecken.

§ 12.

Die einfacheren Arzneien sind endlich auch in der Regel die wohlfeileren. Mit wohlfeilen Mitteln aber ist nicht blofs dem Armen, sondern auch dem Wohlhabenden und Reichen insofern gedient, als [35] der Arzt diejenigen Mittel, die er häufig anwenden kann, weit besser kennen und geschickter handhaben lernt als solche, deren hoher Preis ihm die Anwendung nur selten erlaubt.

Die gröfsere Wohlfeilheit gilt in der Regel auch von solchen chemischen Präparaten, die ansehnlich mehr kosten als die Rohstoffe, aus denen sie bereitet werden; man darf nur daran denken, wie viel sicherer und rascher sie wirken und wie die rascheste Wiederherstellung meistens, und selbst für den Aermsten oft, die wohlfeilste ist. [36]

[35] Der häufigeren Verfälschung theurer Mittel zu geschweigen; dieser Grund fällt für die aus den guten deutschen Apotheken entnommenen Mittel weg.

[36] Ich gehöre nicht zu Denen, die in den häufig laut werdenden Ruf nach wohlfeilen Arzneien als solchen einstimmen. Ich halte vielmehr diesen

§ 13.

So gut wie für den Magen kennen wir zwar für die übrigen Applicationsorgane die Wirkungsweise der meisten Mittel nicht, weil auf dem gröfseren Gebiete verhältnifsmäfsig weit weniger experimentirt worden ist. Es liegt aber kein Grund vor, weshalb die in den §§ 3—12 vorgetragenen Sätze, so weit sie sich auf die Wirkungsweisen der Mittel beziehen, nicht auch für die äufserlichen Applicationsorgane gelten sollten; vielmehr bestätigt die Erfahrung, so weit sie bereits reicht, diese Sätze auch hier, abgesehen von einzelnen, nicht sehr wesentlichen, relativen Verschiedenheiten. Die bedeutendsten Verschiedenheiten sind noch die folgenden:

1) Bei Applicationsorganen, welche dem Auge, der Hand und der Nase des Arztes zugänglich sind, lässt sich die örtliche Wirkung weit leichter beobachten.

2) Die örtlichen Zwecke, welche wir bei äufserlichen Applicationen im Auge haben, sind oft sehr einfach und wenig specialisirt im Vergleich zu denjenigen Zwecken, welche wir beim innerlichen Mediciniren verfolgen. Man will oft nur reizend, entzündend, ätzend, oder reizlindernd, — austrocknend oder anfeuchtend, — zusammenziehend oder erschlaffend, — reinigend, antiseptisch, — u. s. w. auf das Applicationsorgan wirken. Die Auswahl der Mittel hierzu, die Beobachtung des Erfolgs, kurz die Erreichung des Zwecks ist alsdann weit leichter als dieselben Puncte bei unsern innerlichen Curen. [37]

Ruf für nicht motivirt. Am allerwenigsten kann ich den Wunsch wohlfeilerer Arznei-Taxen theilen, denn die Subsistenz der Apotheker ist ohnehin schon in sehr hohem Grade gefährdet, und es wäre ein grofses Unglück für das ganze Publicum, wenn der sehr ehrenwerthe Stand der Apotheker finanziell verkümmerte. (Ich hoffe dieses Thema einmal an einem andern Orte gründlicher besprechen zu können.) Aber ich glaube auf einfachere Medicationen dringen zu sollen, und wenn diese zum grofsen Nachtheil der Apotheker zugleich wohlfeiler sind, so thut mir das leid, aber ich kann's nicht ändern: *salus populi suprema lex esto.*

(37) Nur selten waltet bei unsern innerlichen Curen die gleiche Erleichterung ob; so namentlich aber, wenn wir hauptsächlich nur auf Schlund, Speiseröhre oder Magen örtlich einwirken wollen.

Es verliert mithin in vielen Fällen einer und der andere von den Gründen, welche gegen das Componiren sprechen, sehr an Kraft; aber die übrigen Gründe bestehen dann doch ungeschwächt fort; und es bleibt auch hier ein grofses Unheil, dafs noch so häufig ohne Noth componirt und dadurch die Gelegenheit zum genauesten Prüfen einzelner Mittel, so wie diejenige Entschiedenheit der Einwirkung, welche nur durch einfache Mittel erreicht werden kann, verabsäumt wird.

Wo man durch äufserliche Mittel allgemein einwirken will, bestehen alle die Gründe, welche wir gegen das Componiren innerlicher Medicamente beigebracht haben, in voller Kraft, ja z. Th. noch verstärkt, insofern hier die Absorption oft weit schwieriger als vom Magen aus erfolgt, auch die Beobachtung der erfolgten Wirkung weit schwieriger wird, es also noch weit mehr gerathen ist, jede Erschwerung der Wirkung und der Beobachtung sorglich zu verhüten.

§ 14.

Einige neueren Autoren, welche gegen die Polypharmacie sprechen, tadeln es auch, wenn gleichzeitig auf mehrere Applicationsorgane Mittel angewandt werden. Ich glaube, diese Art der Polypharmacie — vorausgesetzt dafs sie sich im einzelnen Falle auf positive und triftige Gründe stütze, dafs sie also nicht leichtfertig zu oft oder in zu grofser Ausdehnung angewandt werde — in Schutz nehmen zu müssen, und zwar für gewisse Zwecke mehr als für andere, weshalb ich die Zwecke aller äufserlichen Applicationen, wie folgt, näher unterscheide.

Bisweilen liegt ein rein örtlicher Zweck zu Grunde, also nur die Absicht, erkrankten zugänglichen Organen direct und unmittelbar zu Hülfe zu kommen (gleichviel ob ihnen zugleich auch noch von innen her Succurs gebracht werde oder nicht). Hiergegen ist in der Regel nichts zu erinnern (38); man

(38) Von dem Falle, dafs es, wie bisweilen bei Syphilis, Scrofelsucht u. s. w., rathsam ist, ein mit der allgemeinen Dyskrasie in inniger Beziehung stehendes äufsere Leiden rein von innen her zu heilen, um an der erfolgten Heilung einen vollgültigen Beweis zu erhalten, dafs die ganze Dyskrasie beseitigt sei, — darf ich hier absehen.

kann hier fast immer die Mittel so wählen, dafs sie hauptsächlich nur örtlich wirken, so dafs von ihrer nebenbei dennoch erfolgenden Absorption keine erhebliche Störung der gleichzeitigen innerlichen Medication oder überhaupt keine erhebliche innerliche Wirkung zu erwarten ist. Es kommt zu dem Ende nur darauf an, dafs man nicht allzu leichtlösliche Mittel wähle und sie nicht in zu grofsem Umfange auf Einmal applicire.

Andremal liegt die Absicht zu Grunde, halb-allgemein zu wirken, d. h. die Wirkung eines Mittels von einem oder dem andern Applicationsorgan aus auf einen nicht mehr unmittelbar mit demselben zusammenhängenden, vielleicht in gar keiner directen Gefäfs- oder Nerven-Verbindung mit ihm stehenden, aber doch noch benachbarten Theil fortzuleiten, z. B. von einer Stelle der Haut aus auf eine darunter liegende Drüse oder Fremdbildung oder ein darunter liegendes Eingeweide, vom Mastdarm aus auf ein benachbartes Harn- oder Geschlechts-Organ. Man wirkt hier aus Noth, weil der erkrankte Theil nicht direct zugänglich ist, auf einen ihm möglichst nahen zugänglichen. Auch hiergegen ist nicht leicht etwas zu erinnern. Denn die Fortleitung der Wirkung erfolgt hier hauptsächlich durch Transsudation (Imbibition, **Joh. Müller's** unorganische Resorption) [39], und die Transsudation bildet Wirkungssphären, die sich, verglichen mit der Fortleitung der Wirkung durch Absorption, nur langsam vergröfsern, und aus denen in den allgemeinen Kreislauf verhältnifsmäfsig wenig übergeht.

In diesem wie in dem vorhergehenden Falle darf man unbedenklich auf so viele Theile einzeln einwirken als erkrankt sind. [40]

Andremal beabsichtigt man, durch Reizung äufserer Theile von inneren abzuleiten. Hier ist es für dringliche und schwere Fälle nicht blofs gestattet, sondern sogar geboten, eine

(39) Ich hoffe der für die Pharmakodynamik noch zu wenig beachteten Transsudation nächstens in einer eignen Abhandlung mehr Feld vindiciren zu können.

(40) Ich habe in meinem Handb. d. Arzneiverordnungsl. 3te Ausg. I. 10 erinnert, dafs, wenn vielerlei zugleich verordnet worden, leicht Verwechselungen vorfallen könnten, zumal bei Leuten, welche die Signaturen nicht lesen können. Dieses Bedenken hat natürlich nur eine sehr beschränkte Gültigkeit.

grösere Zahl von Applicationsorganen gleichzeitig in Anspruch zu nehmen, während bei minder bedeutenden Fällen es in der Regel rathsam ist, nicht Alles auf Einmal zu thun, theils um den Kranken nicht mannigfacher, als es nöthig ist, zu quälen, theils um für spätere, vielleicht günstigere, Momente auch noch etwas übrig zu behalten, theils um für eine etwanige Wiederkehr des Uebels wenigstens einen Anfang des Durchprobirens der Mittel am Individuum gemacht zu haben, so dafs nicht wieder das gesammte complicirte Verfahren angewandt zu werden brauche.

Endlich will man bisweilen von einem äufserlichen Applicationsorgan aus allgemein wirken. Selbst dies wird oft die Wirkung eines gleichzeitig angewandten innerlichen Mittels nicht sehr beeinträchtigen; denn das äufserlich angewandte Mittel, gröfserentheils transsudirend, kleinerentheils absorbirt, gelangt nur allmählich und langsam in das Blut und lässt hierbei wohl immer dem innerlichen Mittel, welches nach der Darreichung jeder neuen Dose rasch absorbirt wird, gewisse Fristen übrig, in denen das innerliche sehr vorherschend wirken kann; es waltet also hierbei fast ein ähnliches Verhältnifs ob, wie wenn man innerliche Mittel in kurzen Zwischenräumen abwechselnd anwendet (§ 19), mit dem Unterschiede, dafs hier das äufserliche Mittel behufs allgemeiner Wirkung immer im Nachtheil steht. — Ein positiver Grund aber, so zu verfahren, statt zwei innerliche Mittel abwechselnd anzuwenden, dürfte nur dann vorhanden seyn, wenn man annehmen kann, dafs der Speisecanal das eine nicht vertrage. — Etwa noch ein zweites äufserliches Applicationsorgan so zu benutzen, möchte eben so wenig jemals gerathen seyn, als die gleichzeitige Anwendung dreier innerlichen Mittel unter Abwechseln (§ 19).

§ 15.

Wie ich im Vorigen der Polypharmacie mehr scheinbar als wirklich einige Concessionen gemacht, so mufs ich mich auch noch zu folgenden anderen allgemein üblichen, ebenfalls mehr scheinbaren als wirklichen, Concessionen bekennen.

Ich habe im Vorhergehenden als das bedeutendste Motiv für gröſste Einfachheit der Verordnungen die Schwierigkeit des genauen und feinen Beobachtens der Wirkung hingestellt (§ 4). Ausnahmsweise aber findet bisweilen diese Schwierigkeit nicht statt (so oft, wo es sich bloſs um die Hervorrufung oder Beförderung einer Ausleerung handelt [41]; oder, wie schon § 13 berührt, bei äuſserlichen Mitteln) oder wird sehr verringert durch die Gelegenheit zu häufigster Wiederholung der Beobachtungen (so oft bei symptomatischen, bei halb-diätetischen, bei kosmetischen u. a. Mitteln) oder wird selbst irrelevant (so z. B., wenn man über Land verordnet, wo man den Patienten nicht häufig genug untersuchen kann, um die Wirkung irgend eines Mittels genau zu beobachten).

So fällt auch das Motiv, daſs die Wirkung der Mittel sehr genau regulirt werden soll (§ 8), hinweg, wenn man den Patienten nicht so oft untersuchen kann als es behufs genauen Regulirens nöthig wäre.

Ein anderes Motiv für die Einfachheit — die Schwierigkeit des hinlänglich genauen Vorausberechnens der Wirkung (§ 3) — verliert bisweilen an Gewicht, namentlich wenn es sich nicht um eine fein differenzirte, sehr speciell auf ein gewisses Organ und eine gewisse Function gerichtete Wirkung, sondern mehr nur um die Wirkung einer groſsen Abtheilung, etwa einer ganzen Classe (im Sinne der Lehrbücher), von Mitteln handelt, z. B. um demulcirende oder excitirende oder kühlende.

Ein ferneres Motiv war die Entschiedenheit der Wirkung (§ 9). Auch diese kann oft gemisst werden oder ist in keiner Weise zu erreichen; z. B. bei geringen, mehr symptomatischen,

[41] Es ist nicht zu leugnen, daſs bisweilen zusammengesetzte Ausleerungsmittel etwas leichter, weniger angreifend und minder leicht stürmisch wirken als einfache. So rechtfertigen sich nicht selten zusammengesetzte Brechmittel, Abführmittel (vgl. **Mialhe,** *Chimie appliquée etc. 1856.* S. 556) oder Klystiere; so ist oft nichts dagegen zu erinnern, wenn jemand 1 oder 2 Gaben Opium mit Ipecacuanha verordnet, damit der Kranke diese Nacht einmal schwitze, während dagegen die Combination des Opium mit der Ipecacuanha in Einer Formel, wenn man eine vielseitigere oder eigenthümlichere Wirkung des einen oder beider Mittel wünscht, nicht zu billigen ist.

Uebeln von unentschiedenem Charakter, oder bei minder differenten, etwa halb-diätetischen, Mitteln.

Auch der Geldpunct spricht oft nicht für die einfacheren Mittel, wohl sogar gegen dieselben. Rohstoffe z. B. kosten oft weit weniger als ihre chemisch dargestellten Hauptbestandtheile, oder stehen sogar unentgeltlich zu Gebot.

§ 16.

Wenn sonach in nicht seltenen Fällen eines oder mehrere der Haupt-Motive gegen das Componiren, bisweilen selbst alle diese Motive, wegfallen, so mufs freilich jedesmal noch ein positives Motiv dazu kommen, um das Componiren zu rechtfertigen oder zu empfehlen, denn sonst würde die Einfachheit immer noch das Natürlichere und Rathsamere bleiben.

Solcher positiven Motive für das Componiren werden in der That von den Aerzten, schreibenden und ausübenden, im Allgemeinen und in den einzelnen Fällen, verschiedene beigebracht und könnten noch mehrere beigebracht werden. Ich will alle mir bekannten oder erdenkbaren näher durchgehen (§ 17—25) und zu zeigen versuchen, dafs keines derselben in dem Maafse und der Häufigkeit, wie es gewöhnlich noch geltend gemacht wird, oder wie es geltend gemacht werden könnte, zu gelten verdient.

§ 17.

Die Arzneimittel bedürfen sehr häufig verbessernder Zusätze („Corrigentien“ der Arzneiverordnungslehre),

damit sie nicht zu unangenehm in die Sinne fallen,

damit sie nicht Nebenwirkungen äufsern, welche in dem individuellen Falle nachtheilig werden könnten, — und

damit der Körper des Patienten, namentlich das Applicationsorgan und das Nervensystem, in eine günstige Stimmung für ihre Aufnahme und Benutzung versetzt und in solcher Stimmung erhalten werde.

Das Corrigiren für die Sinne berührt mein Thema kaum; denn nur selten, und dann gewöhnlich mehr nur durch irgend einen groben Mifsgriff als mit Absicht, setzt ein Arzt behufs dieses Corrigirens die Dosen der Verbesserungsmittel so hoch an, dafs diese Mittel die Wirkung des Hauptmittels beeinträchtigen oder anderweitig (z. B. durch Erregung des Nervensystems) nachtheilig werden. So lange dieser Fehler vermieden wird, ist (für mein Thema) nichts gegen einen oder selbst mehrere corrigirende Zusätze [42] zu erinnern.

Vor nachtheiligen Nebenwirkungen der Arzneimittel sich zu fürchten und zu wahren hatte man in früheren Jahrzehenden und Jahrhunderten weit mehr Anlafs als jetzt. Denn es treten solche um so leichter und häufiger ein, je mehr die Mittel pharmakodynamisch zusammengesetzt sind, je mehr sie nur nach therapeutischen Erfahrungen (statt nach der Kenntnifs ihrer physiologischen Wirkung) gewählt, je mehr die Indicationen für ihre Auswahl nur ontologischen Krankheitsbildern (statt einer physiologischen Kenntnifs der Krankheitsprocesse) entnommen, und je weniger die Kranken allseitig (auch unter Benutzung der physikalischen Hülfsmittel) untersucht werden. Die Aerzte früherer Zeiten gingen in der Anwendung von Zusätzen gegen Nebenwirkungen viel weiter als wir auf unserm heutigen Standpuncte es billigen können; sie wollten oft schwimmen ohne nafs zu werden; sie setzten zur Aloë die Schwefelsäure, andremal das Eisen, zum Eisen die Aloë, zu den Basen des Dower'schen Pulvers das schwefelsaure Kali, zum Campher den Salpeter, zur Senna den Holunder, u. s. w., um nachtheiligen Nebenwirkungen zu begegnen, und verpfuschten dadurch das Hauptmittel. — Bei den pharmakodynamisch einfacheren Mitteln [43], namentlich chemischen Präparaten, gelingt ein Verbessern nachtheiliger Nebenwirkungen im Allgemeinen seltner, weil die Wirkung eine constantere, schärfer begrenzte, noth-

(42) Und die mehreren sind oft durch die gröfsere Annehmlichkeit empfohlen; das kann man von der Kochkunst, von den Olitätenkrämern u. s. w. lernen.

(43) Und solcher haben wir, verhältnifsmäfsig und absolut, ansehnlich mehr als die Aerzte früherer Jahrhunderte.

wendigere ist, — ist aber auch seltner nöthig, weil man diese Mittel treffender auswählen kann, weil sie sichrer wirken und eben deshalb auch schon in mäfsigen oder kleinen Dosen mehr leisten; denn man kann zwar einen Wagen auch durch an den Seiten angespannte Pferde vorwärts bringen, aber vorn angespannte thun's leichter (44).

Den Körper des Patienten, namentlich das Applicationsorgan und das Nervensystem, gehörig zu stimmen und so gestimmt zu erhalten erheischt allerdings sehr häufig Corrigentien in so ansehnlichen Gaben, dafs sie mit zu wesentlichen Factoren der Wirkung werden. In solchen Gaben ist dann kaum irgend ein Corrigens als indifferent, vielmehr fast alle als leicht störend zu betrachten; denn selbst das demulcirende kann der Verdauung schaden oder, wenn es sich um eine äufserliche Application handelt, die etwa wünschenswerthe Reizung des Applicationsorgans allzu sehr dämpfen, — ätherisch-ölige Mittel, geistige Flüssigkeiten, Kohlensäure, Narkotika, können noch weit mannigfaltiger schaden, — alle aber können die Wirkung des Hauptmittels wesentlich alteriren. Es ist Pflicht, diese Gefahren wenigstens möglichst oft zu beseitigen oder zu verkleinern, indem man die Frage, ob ein gewisses Corrigens wirklich, und zwar in ansehnlichen Dosen, unentbehrlich sei, besonders scharf erwägt und, wenn man sie bejahen zu müssen glaubt, sich auch noch fragt, ob nicht wenigstens, um die Wirkung des Hauptmittels reiner zu erhalten, dieses und das Corrigens abwechselnd (vgl. § 19) angewandt werden können.

(44) Ich glaube aus Erfahrungen des medicinischen und des pharmaceutischen Horizonts zu wissen, dafs mit den neueren chemischen Präparaten seltner unerwartete Verdriefslichkeiten in der ärztlichen Praxis vorkommen als mit den älteren Mitteln (Rohstoffen und ihren galenischen Präparaten). Jene sind zwar an sich weit gefährlichere, giftigere Agentien; aber sie werden glücklicherweise verhältnifsmäfsig oft pur (blofs mit Zucker, Weingeist od. dgl. Vehikeln) verordnet, und dann kann hauptsächlich nur in der Dose ein Mifsgriff vorkommen, die schlimmsten Mifsgriffe der Art werden auch durch die „*Ad*" der Pharmakopöen und, wo diese nicht ausreichen, durch das Wissen des Apothekers verhütet; bei den älteren Mitteln kann weit mannigfaltiger gefehlt werden. Mit dem schärfsten Barbiermesser schneidet man sich am seltensten.

§ 18.

Aufser den in § 17 besprochenen Corrigentien glaubt man oft noch andere Zusätze nöthig, die noch directer die Wirkung des Hauptmittels unterstützen sollen, und die deshalb von der Arzneiverordnungslehre das empfehlende Prädicat Adjuvantien erhalten, welches sie mir selten zu verdienen scheinen.

So will man oft die Wirkung des Hauptmittels durch ein Adjuvans auf gewisse Organe oder Organtheile oder Systeme vorzüglich hinlenken. Ich gebe die Gültigkeit dieses Motivs für einzelne Fälle zu; z. B. wenn dem, etwa speciell indicirten, Brechweinstein Ipecacuanha zugesetzt wird, damit er nur Erbrechen errege und nicht abführe. Aber auch nur für wenige: in der Mehrzahl der Fälle, wo Praktiker so speculiren, ist wohl die Hinlenkung überflüssig (45) oder gelingt, wie aufmerksame Beobachtung zeigt, nicht (46).

Noch häufiger will man die Wirkung des Hauptmittels der Art nach verbessern, heben, erweitern. Das thun am häufigsten diejenigen Aerzte, die von keinem einzigen Mittel die physiologische Wirkung hinlänglich genau kennen, wie sich überhaupt die Weltverbesserer unter Denen am häufigsten finden, die die Welt am wenigsten kennen. Wer die Wirkung eines von ihm verordneten Mittels besser kennt, sieht es in der Regel am liebsten, wenn sie recht rein, recht deutlich, unalterirt, erscheint; so pflegt sie schon von Hause aus am meisten zu leisten, so lässt sie sich auch am besten quantitativ reguliren (§ 8), kurz: so pflegt sie therapeutisch am meisten zu nützen (47). —

(45) So z. B. wenn dem Gutti das kohlensaure Kali hinzugefügt wird, um des ersteren Wirkung mehr auf die Harnorgane zu lenken; denn das Gutti scheint in Gaben, die hinlänglich klein sind, um nicht zu purgiren, eben sowohl, wenn auch in anderer Weise, diuretisch zu wirken als das kohlensaure Kali.

(46) Wenn z. B. einer binnen 2 Tagen zu verbrauchenden Lösung von 2 Dr. Salmiak 1 Gran Brechweinstein hinzugefügt wird, um auf irgend welches Organ hinzuleiten, so nimmt der Salmiak hiervon wohl kaum je Notiz.

(47) Kein Mittel wird so häufig als Adjuvans und als Corrigens gemifsbraucht als das Opium. Namentlich bei vielen Augenmitteln verschiedenster Art, —

Nicht selten sucht man ein etwa nöthiges Constituens, um es doppelt zu verwerthen, so aus, dafs es zugleich das Hauptmittel unterstütze. Dies kann bisweilen zweckmäfsig, weil Geld ersparend, seyn. In der Regel aber — wenigstens wenn die Quantität des Zusatzes so ansehnlich ist, dafs in ihm ein neuer wesentlicher Wirkungsfactor auftritt — beeinträchtigt es die Beobachtung der Wirkung des Hauptmittels, und man soll es deshalb vermeiden (48). Nur der Fall möchte oft auszunehmen seyn, wo man einen Rohstoff und eines seiner Präparate, oder auch zwei Präparate eines und desselben Rohstoffs, so combinirt (49); denn es ist oft aus anderen Gründen nicht möglich, so fein zu beobachten, dafs man von einer solchen Combination eine Beeinträchtigung der Feinheit zu gewärtigen hätte.

§ 19.

Man macht geltend, dafs es oft in der ärztlichen Absicht liege, aus zweien Mitteln ein drittes, von beiden verschiedenes, dessen Wirksamkeit aber bereits erprobt sei, zu bilden.

auch bei gewissen Arzneimitteln, gleichviel wo sie angewandt werden, z. B. Bleizucker, Sublimat, — glauben manche Aerzte einen Zusatz von Opium (oder Morphin) gar nicht entbehren zu können. Ich habe nichts dagegen, wenn man den Heros der Therapie in geeigneten Fällen auch eine solche zweite Rolle spielen lässt; aber nur nicht ohne bestimmte Indication. Man darf sich nicht etwa einbilden, dafs ohne Opium die Wirkung der Hauptmittel eine minder ausgezeichnete sei oder gewisse Hauptmittel immer minder gut vertragen würden. Allerdings kann bisweilen ein geringer Zusatz von Opium oder Morphin das Applicationsorgan, wenn es schon durch Reizung empfindlich ist, geduldiger stimmen, oder, wenn es durch das Hauptmittel gereizt werden könnte, dem einigermafsen begegnen. Aber in tausend Fällen werden Sublimat, Bleizucker und andre heftig wirkende Mittel, pur angewandt, im Magen und im Auge vortrefflich vertragen : es kommt nur auf die sonstigen Cautelen, z. B. die nöthige Beschränkung der Dosen, an. Man kann unter Anderm die meisten Fälle von nicht zu schweren und nicht complicirten Entzündungen und Blennorrhöen der umgebenden Theile des Auges und der Augapfel-Bindehaut durch puren Bleizucker (in schwachen Lösungen oder Salben) sehr rasch heilen, wie ich das aus äufserst häufiger Anwendung bei den verschiedensten Individualitäten weifs.

(48) Ich selbst habe in meinem Handb. d. Arzneiverordnungslehre hiergegen wiederholt gefehlt.

(49) Z. B. wenn man *Extr. Aconiti* durch *Hb. Acon. q. s.* zu Pillen machen oder *Extr. Opii* in *Aq. Opii* lösen lässt.

Wenn das Dritte, das Product, ein pharmakodynamisch einfaches oder für den individuellen Fall nicht übermäfsig zusammengesetztes Mittel ist, wenn man z. B. aus einer Base und einer Säure ein Salz bildet, welches directer aus der Apotheke nicht zu erhalten ist [50], oder aus einem kohlensauren Salze und einer Pflanzensäure ein pflanzensaures Salz nebst freier Kohlensäure [51], — so kann ich nichts dagegen haben. Bisweilen empfiehlt sich sogar ein solches Verfahren durch Sicherung gegen Zersetzung; so z. B. wenn man Sublimat und Salmiak zusammen löst, um Alembrothsalz zu bilden, welches, weniger zersetzlich als der Sublimat, äufserlich bisweilen dieselben Dienste leistet wie dieser.

Wenn es sich aber um complicirtere Producte handelt, wie sie z. B. im Plummerschen Pulver auftreten, und zumal um organische Producte, wie z. B. im Dowerschen Pulver, im Ellerschen *Liq. antarthrit.*, so mufs, glaube ich, die Gültigkeit des Motivs sehr eingeschränkt werden [52]. Denn es bleiben hier zwei grofse Uebelstände nicht leicht aus : ungleiche Zersetzung (mithin leicht ungleiche Wirkung) in verschiedenen Fällen [53] und Unklarheit der physiologischen Wirkung.

Die Aerzte nehmen auch oft zu rasch an, dafs das von ihnen gebildete Product, oder auch eine schon vorräthige Combination zweier Wirkungsfactoren, anders und vortheilhafter wirke als die beiden Factoren, nach einander oder abwechselnd mit einander angewandt. So ist dies insbesondre für die Iodverbindungen des Quecksilbers und des Eisens viel-

(50) Wie bisweilen Alkaloïd-Salze. — Auch das für seine Zwecke hinlänglich pharmakodynamisch einfache *Catapl. ad decubit.* **Ph. Bor.** passt hier als Beispiel.

(51) Vorausgesetzt dafs diese Combination für den einzelnen Fall gerechtfertigt sei.

(52) Man wird nicht sagen können, dafs ich die Beispiele hier für meinen Satz besonders günstig ausgesucht hätte, denn gerade die gewählten drei sind diejenigen, welche für den entgegengesetzten Satz am gewöhnlichsten angeführt werden.

(53) Diese Ungleichheit der Zersetzung ist für das Plummersche Pulver factisch nachgewiesen (vgl. z. B. **Gmelin** Handb. d. Chemie. III. 5te Aufl. 509-510); für die beiden andern Beispiele mufs man sie annehmen.

fach, aber, wie mir scheint, ohne genügenden Beweis, behauptet worden. Ein solcher Beweis hätte sich freilich nur durch sehr ausgedehnte Reihen vergleichender Versuche führen lassen.

Ich habe seit Jahren mir für die genannten Iod-Verbindungen und für das Dowersche Pulver die Aufgabe gestellt, in allen geeigneten Fällen zu versuchen, ob ich nicht mit den gesondert gereichten Factoren eben so weit käme als Andere, oder als ich selbst, mit den Verbindungen. Ich habe auf diese an die Natur gerichtete Frage oft eine bejahende, selten eine unentschiedene, nie eine verneinende Antwort erhalten. Die Aufgabe bildete aber einen Theil einer umfassenderen Aufgabe, die ich mir gestellt, nämlich zu versuchen, wie weit es überhaupt zweckmäfsig sei, zwei wesentlich verschiedene Mittel abwechselnd zu geben, und welche Regel sich etwa aufstellen lasse für die Fristen, in denen zu alterniren sei. Für diese umfassendere Aufgabe habe ich gelegentlich mancherlei Combinationen versucht, am häufigsten ein Morphinsalz und Ipecacuanha. Obwohl ich über die meisten Krankheitsfälle Tagebuch geführt habe, obwohl mir sonach Vieles von jenen Versuchen schwarz auf Weifs vorliegt, so lassen sich doch aus leicht-errathbaren Gründen die Resultate nicht mit einer auch nur entfernt befriedigenden statistischen Genauigkeit wiedergeben. Wohl aber habe ich mir folgende Regeln (*a*—*d*) daraus abstrahirt:

a. Die Entschiedenheit der Einwirkung leidet bei dem Abwechseln mit zweien Mitteln oft fast eben so sehr als wenn die Mittel in Einer Formel vereinigt werden; sie leidet um so mehr, je weniger rasch die Erstwirkung der Mittel eintritt und je kürzer die Abwechselungsfristen sind. Man soll deshalb die Abwechselung in der Regel vermeiden, indem man — durch möglichst scharfe Indicationen (die sich auf gründlichste Untersuchung des Krankheitsfalles basiren müssen) und durch die Ueberlegung, welches von den beiden in Frage stehenden Mitteln seiner physiologischen Wirkung nach der Gesammtheit der Indicationen oder der wichtigsten Indication am besten entspricht — sich für eines von den beiden entscheidet. Man bekommt in dieser geistigen Operation bald Uebung, und diese hat eine wahrhaft ärztlich bildende Rückwirkung. Will die

Operation ausnahmsweise nicht glücken, scheint wegen der Dringlichkeit des Falles[54] die gleichzeitige Anwendung beider Mittel unvermeidlich, so ist das Abwechseln [unter Umständen statt desselben die Vertheilung auf zwei Applicationsorgane, vgl. S. 32] in der Regel[55] als der geringere Uebelstand dem Vereinigen in Einer Formel vorzuziehen.

b. Ist der Fall in geringerem Grade dringlich, so thut man gut, die Abwechselungsfristen so grofs zu wählen, dafs jedes der beiden Mittel seine gesammte bemerkliche Wirkungsdauer über ungestört bleibt, was freilich nicht selten einige Stunden, bisweilen sogar einen Tag, erfordert. Bei gröfserer Dringlichkeit aber darf man die Abwechselungsfristen nöthigenfalls bis auf eine Viertelstunde, bei Mitteln von sehr rascher Erstwirkung sogar ausnahmsweise bis auf 10 Minuten, verkürzen, und man wird selbst so noch, wenigstens in manchen Fällen, einen entschiedenen Vortheil gegen das Vereinigen in Einer Formel bemerken. Es ist mir namentlich bei analeptischen und bei krampf- oder schmerzstillenden[56] Mitteln, doch auch bei anderen, gar nicht selten geglückt, bei nur 10 Minuten betragender Abwechselungsfrist schon nach wenigen Gaben den Werth der beiden Mittel für den individuellen Fall so sicher gegen einander abzuwägen[57], dafs ich das eine von bei-

(54) Die Dringlichkeit hat bekanntlich ihre Abstufungen. Nicht blofs der lebensgefährliche Fall ist dringlich, sondern auch z. B. schon derjenige, der einzuwurzeln oder sich zu verschlimmern droht, der den Kranken in seinem Erwerbe sehr stört, ihm für wichtige Berufsgeschäfte sehr zur Unzeit kommt, — der wo es darauf ankommt, alsbald Vertrauen zur Medication hervorzurufen, — u. s. w.

(55) Ausnahmen finden z. B. statt, wo jedes Beibringen von Arznei schwierig oder sehr lästig ist, den Schlaf unerwünscht unterbricht, leicht durch Aufregung schadet, od. dgl.

(56) Und zwar nicht etwa blofs bei narkotischen, sondern auch bei anderen zum Stillen von Schmerzen oder Krämpfen benutzten Mitteln. — Dafs man bei manchen physikalisch wirkenden Mitteln der Art (z. B. Wärme oder Kälte) oft, auch bei äufserlicher Application, schon binnen wenigen Minuten oder selbst Secunden bemerkt, ob sie in dem individuellen Falle zusagen, weifs jeder Arzt.

(57) Hierin liegt nichts Auffallendes für Denjenigen, der sich aus der Pharmakodynamik und Toxikologie erinnert, wie rasch nach neueren Versuchen manche

den ausschliefslich weiter geben und hiermit, zum grofsen Vortheil des Kranken, die wünschenswerthe gröfsere Entschiedenheit der Einwirkung erreichen konnte [58]. Es versteht sich von selbst, dafs man in solchen Fällen oft ungewöhnlich lange, bisweilen stundenlang, beim Kranken verweilen mufs, weil ein so feines Beobachten, als es hier oft nöthig ist, für einen Nichtarzt zu schwierig wäre.

c. Bei äufserlichen Mitteln, die man abwechselnd anwendet, mufs man in der Regel, um eine verständliche Antwort auf die an die Natur gerichteten Fragen zu erhalten, die Abwechselungsfristen weit gröfser anordnen als bei denselben Mitteln, innerlich angewandt. Man erräth leicht, dafs die Ursache hiervon für die allgemeine oder halb-allgemeine Wirkung der Mittel in der langsameren Fortleitung, für die örtliche Wirkung in dem langsameren Auftreten lichtgebender Symptome liegt.

d. In hinlänglich chronischen Fällen wechsle ich, mit innerlichen oder äufserlichen Mitteln, am liebsten nur etwa wochenweise. Sehr oft aber erscheint schon nach der ersten Woche das Wechseln überflüssig, indem das zuerst angewandte Mittel vollkommen genügt. —

Mit der oben ausgesprochenen Bemerkung, dafs man über den Werth gewisser Mittel für den individuellen Fall bisweilen schon binnen Minuten einigermafsen entscheiden kann, sage ich auch dem jüngsten Arzte nichts Neues. Ich begründe aber darauf die für viele Aerzte ganz neue Forderung : wenn Ihr Das wisset, so benutzet es auch, — so vergesset

Mittel absorbirt und durch das Blut zu allen Organen gebracht werden, und dafs es einzelne sehr heftig wirkende Mittel giebt, für deren beinahe momentane Erstwirkung selbst die Schnelligkeit des Kreislaufs noch nicht zur Erklärung ausreicht, so dafs man das Nervensystem zu Hülfe nehmen mufs; — ich erinnere statt mancher anderen Beobachtungen nur an die von **Christison**, *treat. on poisons*, *4th edit.*, *p.* 8, mitgetheilten.

(58) Begreiflich glückt dies bei analeptischen und bei krampf- oder schmerzstillenden Mitteln darum am leichtesten, weil hier schon einzelne Symptome einen relativ sicheren Index der Wirkung abgeben. — Man sage nicht etwa, dafs solche Mittel zu den minder wichtigen gehören. Es hängt auch an ihnen oft das Leben.

nicht, dafs, anstatt mittelst Eurer Quasi-Gelehrsamkeit eine Combination von Mitteln zu erdenken, welche der Gesammtheit der Indicationen entspreche, Ihr in kürzester Zeit einzelne Mittel für den individuellen Fall tentiren könnt. Probiren geht auch hier weit über Studiren. —

Dafs man bei dem methodischen Abwechseln (59) nicht Mittel von sehr heterogener, einander z. Th. entgegenarbeitender Wirkung combiniren dürfe (wie z. B. ein diaphoretisches und ein diuretisches), dafs dies ein heilloses Schwanken im Gange der Krankheit, gleichsam eine Leitung derselben im Zickzack, oft ein Fehlschlagen der einen Wirkung oder selbst beider Wirkungen, ergeben könnte, bedarf kaum der Bemerkung. Vereinigen in Einer Formel wäre freilich eben so schlimm oder wo möglich noch schlimmer.

§ 20.

Man macht als ein besonders gewichtiges Motiv geltend, dafs es oft nicht möglich sei, durch Ein Mittel allen Indicationen zu entsprechen; schon um symptomatischer Indicationen willen müsse man oft zu einem Hauptmittel Zusätze machen; noch häufiger mache das Zusammentreffen verschiedenartiger Haupt-Indicationen die Verbindung zweier (oder selbst mehrerer) Hauptmittel nöthig.

Ich will hier keinen Werth darauf legen, dafs bei physiologischer Auffassung eines Krankheitsprocesses die Zahl der Indicationen sehr gewöhnlich geringer ausfällt als wenn man sich an ontologische Bilder hält, deren nicht selten etliche zugleich in einem Patienten vorhanden sind, — dafs man überhaupt durch Nachdenken die Zahl der Indicationen meist beschränken oder doch mit Sicherheit bestimmen kann, dafs eine oder die andere hervorragend wichtig und zunächst zu erfüllen sei, während die übrigen warten können.

(59) So darf ich wohl das schon von vorn herein angeordnete, meist wiederholte, Abwechseln in bestimmten, verhältnifsmäfsig kurzen, Fristen, im Gegensatz eines gewöhnlicheren Abwechselns, zu welchem man sich erst in Folge des bis dahin beobachteten Ganges der Medication entschliefst, nennen.

Wenn ich mich aber auch ganz auf den Standpunct der Gegner stelle, so kann ich doch die Gültigkeit ihres Motivs, soweit es von Haupt-Indicationen (Causal- oder Radical-Indicationen) entnommen wird, nur für verhältnifsmäfsig seltene, fast möchte ich sagen : Ausnahms-Fälle zugeben. Es ist bekannt, dafs, so lange ein Mensch noch nicht *in agone* liegt, so lange der Körper noch etwas Kraft hat um sich selber zu helfen, es oft nur eines sehr einfachen Anstofses bedarf, um die complicirtesten Krankheitsprocesse Schritt für Schritt zur Vereinfachung und zu einem glücklichen Ausgange zu führen; ja ich möchte nach Erfahrungen, die freilich schwer gegen einander abzuwägen sind, glauben, dafs Heilungen der Art häufiger durch einfache, aber entschieden angewandte, Heilmittel als durch componirte Formeln gelingen (60). Es ist sogar allgemein anerkannt, dafs oft schon die Bekämpfung eines Hauptsymptoms, indem sie mit dem Symptom auch die Ursache desselben hebt, die vortheilhafteste Rückwirkung auf den ganzen Krankheitsprocefs äufsert, ja denselben wohl sogar verschwinden macht (so z. B. Aderlafs bei Pneumonie). Sonder Zweifel würde man noch weit häufiger derlei Heilungen complicirter Krankheiten durch einen sehr einfachen Angriff erfolgen sehen, wenn man sie häufiger versuchte. Es wagen viele Aerzte — sowohl ältere als auch aus compositionsfreundlichen Schulen hervorgegangene jüngere — noch nicht, mehreren Indicationen gegenüber sich auf ein einfaches Mittel zu beschränken (61). Es heifst hier : *aude sapere*, dann wird man sich mit jedem Tage mehr überzeugen, dafs man mit Einem Talisman einen Sturm meist besser beschwört als mit zweien.

Für symptomatische Indicationen mufs ich allerdings — insofern keine Haupt-Indication darüber vernachlässigt oder

(60) *Certissimumque habetur unum simplex quandoque variis simul indicationibus medicis supplendis ita sufficere, ut junctum aliis aequali felicitate illas ne quidem expleat.* **Tralles.**

(61) Mir selber ist's früher auch so gegangen und ich bin nur sehr allmählich, sondirend und durch äufserst zahlreiche Versuche zu derjenigen Ausdehnung der Einfachheit gelangt, für welche ich jetzt spreche.

dadurch gestört wird — die häufige Zulässigkeit auch mehrerer gleichzeitig anzuwendenden Mittel einräumen [62].

Mag nun aber im einzelnen Falle durch symptomatische oder, ausnahmsweise, durch Haupt-Indicationen mehr als Ein Mittel als nothwendig angezeigt erscheinen, so bleibt uns immer noch (nach § 19 [method. Abwechseln] u. 14 [mehr als 1 Applicationsorgan]) die Zuflucht gesonderter Formeln, und wir entgehen durch solche der Unannehmlichkeit, wenn die Indicationen sich zum Theil ändern, durch ein neues Recept anscheinend unsere ganze Medication ändern zu müssen, was die Laien so leicht, wenn auch mit Unrecht, als ein Schwanken in der Beurtheilung des Falles deuten. Auch ist das Wechseln eines einfachen Mittels in der Regel mit geringerem Geldverlust verbunden, ja oft mit gar keinem, indem einfache Mittel häufiger als componirte für eine künftige Benutzung aufbewahrt werden können.

Am häufigsten wird mit symptomatisch angezeigten Narcoticis der Fehler begangen, sie dem Hauptmittel in einer und derselben Formel beizufügen [63]. Es ist aber nichts gewöhnlicher, als dafs für das Narcoticum sich die Indication weit früher ändert als für das Hauptmittel (so dafs jenes hinweggelassen oder in geringerer oder auch stärkerer Dose gegeben werden mufs, während das Hauptmittel mehr oder weniger unverändert fortzugebrauchen ist); dann ist man genöthigt, die ganze, vielleicht erst zum dritten Theil verbrauchte, Composition wegzusetzen, was die vorher bezeichneten Nachtheile hat. — Ein Narcoticum, das Schmerzen oder Krämpfen palliativ begegnen soll, kann diese Wirkung nur dann vollbringen, wenn

(62) **H. E. Richter**, Org. d. physiol. Therap. 94 — 96, rechtfertigt mit schlagenden Gründen die von manchen Theoretikern gering geschätzte Symptomen-Cur und bezeichnet zugleich treffend, wann und wie sie passt, wann und wie nicht. Sie ist derjenige Theil unseres Wirkens, für welches wir den meisten Dank ernten.

(63) Durch die Worte »symptomatisch angezeigten« ist schon ausgedrückt, dafs ich hier nicht von dem Falle spreche, wo ein Narcoticum als Corrigens beigefügt wird, um das Applicationsorgan besser zu stimmen oder gestimmt zu erhalten, damit das Hauptmittel besser vertragen werde, innerlich z. B. nicht so leicht Brechen errege; in solchem Falle ist das Vereinigen in Einer Formel passend, nicht selten sogar unumgänglich nöthig.

Schmerz oder Krampf da ist; zu jeder anderen Zeit gegeben ist es mindestens vollkommen müſsig. Es dürfen deshalb seine Dosen nicht in von vorn herein bestimmten Fristen wiederholt werden, es darf nicht mit dem Hauptmittel „zweistündlich eſslöffelweise" oder „4mal täglich zu 3 Stück" dem Patienten zugetheilt werden, sondern es ist in der Regel so oft anzuwenden, als das Symptom dazu auffordert, und die einzelnen Gaben sind so rasch hinter einander zu geben, als ihre Gröſse dies unbedenklich erscheinen lässt. Es ist mithin auch das ganze Narcoticum oft nur *in eventum* zu verordnen, damit es, wenn nöthig, rasch genug zur Hand sei, während das Hauptmittel unbedingt vorgeschrieben wird. — Bei äuſserlichen Mitteln ist es häufiger als bei innerlichen zulässig und bisweilen selbst zweckmäſsig, ein symptomatisch angezeigtes Narcoticum mit dem Hauptmittel in Einer Formel zu vereinigen, weil hier die ununterbrochene Application des Narcoticum nicht so leicht schaden kann, dagegen die nur zeitweilige Application, während das Hauptmittel ununterbrochen applicirt bleibt, umständlich und unbequem seyn würde. (Ich will aber hiermit den allzu häufigen Gebrauch der oft überflüssigen narcotischen Zusätze zu Augenbähungen nicht entschuldigt haben.)

Ein anderer sehr gewöhnlicher Fehler der gern Combinirenden ist, daſs sie ein abführendes Mittel mit einem Mittel, welches irgend eine andere Wirkung vollbringen soll, in Einer Formel vereinigen. Dies hat fast immer mehr oder weniger von folgenden Nachtheilen: 1) daſs die beiderlei Wirkungen einander stören (von der abführenden und der diaphoretischen Wirkung ist dies sehr bekannt; aber sonder allen Zweifel wirkt die abführende Wirkung auch für andere Wirkungen, als die diaphoretische, ableitend); 2) daſs die Indication sich für das eine Mittel früher ändert als für das andere (woraus dann die schon S. 45 Z. 8—16 berührten Inconvenienzen hervorgehen); 3) daſs das Abführmittel das andere Mittel zu rasch durch den Speisecanal hindurchführt, also seine Absorption beschränkt.[64]

[64] *Pulv. aërophorus laxans* **Ph. Bor.**, *Pulv. aëroph. Seidlitzensis* **Ph. Austr.** und einige ähnliche Vorschriften unterliegen dem obigen Tadel nicht, weil in ihnen die Kohlensäure hauptsächlich nur als Geschmackscorrigens dienen soll.

Man darf vielleicht sogar noch allgemeiner aussprechen, dafs es ein Fehler ist, ein ausleerendes Mittel mit einem, welches irgend eine andere (Haupt-) Wirkung vollbringen soll, in Einer Formel zu verbinden [65].

Eines der schlimmsten Beispiele, wie noch heutzutage mittelalterlich-übermäfsig componirt wird, um ein Krankheitsgift zu allen Thoren zugleich hinauszujagen, ist die Zittmannsche Cur, die leider noch immer nicht antiquirt, vielmehr noch von den besten neueren Pharmakopöen durch Aufnahme der Vorschriften zu den Decocten gleichsam sanctionirt worden ist. Dafs sie höchst wirksam ist, dafs sie eine Menge chronisch-syphilitischer Leiden nicht blofs, sondern auch anderer dyskrasischen Leiden beseitigt, weifs ich aus der Praxis anderer Aerzte, namentlich auch aus mehr als Einer grofsen Krankenanstalt sehr gut. Es ist das auch kein Wunder, denn sie wirkt stark auf alle Ausleerungen (Stuhl, Schweifs, Harn u. s. w.), und auch die knappe Diät befördert noch die Resorption; da kann denn wohl gar manches Fehlerhafte aus dem Körper geschafft werden. Die Cur ist eben deshalb eine *sacra ancora* mancher Aerzte geworden, ein ihnen ganz unentbehrlicher Verlegenheitsaushelfer, mit dem sie in zahlreichen schwierigen, hartnäckigen, dunkeln Fällen immer bei der Hand sind, wenn sie sich nicht besser zu rathen wissen. Aber sie hat auch, aufser der Theure und der Unannehmlichkeit (die Decocte schmecken sehr schlecht, werden oft erbrochen) folgende bedeutende Nachtheile:

1) hindert sie, wie alle componirteren Mittel, die Erwerbung einer wahrhaft brauchbaren ärztlichen Erfahrung. Im günstigsten Falle heilt man damit. Wie aber das Mittel die Heilung so recht vollbracht habe, welche der angeregten Excretionen dabei die Hauptrolle gespielt, u. s. w., das erfährt man nicht. Man erhält auf diese Weise nie einen recht brauchbaren Wink für zukünftige Fälle, sondern nur die etwas demüthigende Erfahrung, dafs die Cur oft hilft, wo unsere Einsicht ein Ende hat.

(65) Es versteht sich von selbst, dafs hier nicht von demjenigen, sehr häufigen Falle die Rede ist, wo ein palpables Mittel eine solche zwiefache Wirkung besitzt; denn sonst wären hundert unserer besten Mittel verpönt.

2) Das Mittel ist ein nicht immer gleiches; es wirkt zwar immer heftig eingreifend, jedoch in sehr verschiedenem Maafse, was wahrscheinlich unter Anderm auch von der in verschiedenen Fällen ungleichen Zersetzung der beiden Quecksilberpräparate, welche bei der Bereitung des starken Decocts mit benutzt werden, herrührt: in dem einen Falle wird sich begreiflich mehr, in dem andern weniger, im dritten vielleicht gar nichts, von löslichen Quecksilberverbindungen bilden [66].

3) Die Cur ist höchst angreifend; ich habe die Ueberzeugung, dafs manche Kranken, die schon vorher erschöpft waren, geradezu an ihr, häufiger ihren Nachwehen, sterben, zahlreiche andere wenigstens durch sie den Grund zu einem langen Siechthum legen. Das geben freilich die Aerzte, welche sie häufig anwenden, nicht zu.

Ich habe nur wenigemal, und zwar nur in den ersten Jahren meiner Praxis, der Versuchung nachgegeben, „den Zittmann“ anzuwenden; dagegen ist es mir wiederholt bei Consultationen mit anderen Aerzten gelungen, Kranke, die schon zum Zittmann verurtheilt waren, noch vor ihm zu schützen,

[66] **F. L. Winckler** (N Jahrb. f. Pharmac. 1855. Aug.) behauptet, nach seinem Darstellungsverfahren, welches von dem der **Ph. Bor.** nur unerheblich — nicht in den Ingredientien, sondern nur in der Art der Extraction — abweicht, falle das Zittmannsche Decoct immer gleichmäfsig aus. Indefs er hat diese Gleichmäfsigkeit noch nicht quantitativ nachgewiesen, und ich bezweifle sehr, ob eine solche Nachweisung möglich ist. Nach seinen Versuchen bildet das starke Decoct beim Erkalten allmählich einen Niederschlag, den er vorläufig charakterisirt als eine Verbindung von schwefelsaurem Quecksilberoxydul, Thonerdehydrat und einem stickstoffhaltigen organischen Bestandtheil, welchen er aus der Sarsaparille ableitet; nach der allmählichen Absetzung dieses Niederschlags bleibe in der Flüssigkeit nur ein Minimum von Quecksilber gelöst (in was für einer Verbindung?). Er will, dafs jener Niederschlag durch Umschütteln dem Patienten erhalten bleibe, während die Pharmakopöe ihn durch Decanthiren gröfstentheils entfernen lässt. Dies wäre eine sehr wesentliche Aenderung des Mittels. Ich bezweifle aber stark, ob dadurch etwas Erhebliches gewonnen und namentlich die so sehr zu desiderirende Gleichförmigkeit und Zuverlässigkeit des Mittels erreicht werden wird. Etwas wirksamer dürfte allerdings nach der **Winckler**schen Norm das Decoct ausfallen, aber man hat auch schon bisher nicht über Unwirksamkeit desselben geklagt. »Solche Formeln müssen mit ihrem ganzen Zopfe beibehalten werden« (**Mohr**), bis man sich endlich entschliefst sie zu streichen.

indem ich noch eine Frist erbat und es in dieser gelang, mit unschuldigeren, mehr die Ursachen der Krankheit berücksichtigenden, Mitteln zu heilen.

Ich weifs, dafs Myriaden Menschen (67) der Zittmannschen Cur Heilung oder Besserung verdanken; aber die Zahl Derer, welche die Cur ruinirt hat, dürfte auch nicht ganz unbeträchtlich seyn, und es würde sonder Zweifel eine noch gröfsere Anzahl geheilt und zwar vollkommener geheilt worden seyn, wenn statt jener Cur einfachere Mittel gebraucht worden wären. Der alte Satz : *qui bene distinguit*, *bene medebitur,* gilt gewifs auch hier.

§ 21.

Es wird geltend gemacht, dafs bisweilen eine Indication nicht hinlänglich bestimmt auf ein gewisses Mittel unter mehreren möglicherweise zu wählenden, wesentlich verschiedenen, hinweise, während doch zugleich die Dringlichkeit des Falles ein Experimentiren mit den einzelnen Mitteln verbiete.

Auch diese Verlegenheit wird für Diejenigen, welche die Arzneimittel physiologisch kennen, gewifs sehr selten eintreten, — weit seltener als für Die, welche sie nur nach therapeutischen Empfehlungen berücksichtigen. Für den schlimmsten Fall habe ich schon in § 19 gezeigt, wie man sich durch Abwechseln zu helfen habe.

§ 22.

Es wird auch geltend gemacht, dafs häufig für eine und dieselbe Indication sich mehrere ziemlich äquivalente Mittel zur Auswahl darbieten; so wahrscheinlich es dann oft sei, dafs eines von ihnen die übrigen entbehrlich machen könne, so fehle es uns doch oft an Anhaltspuncten für die Wahl, und dies dürfe uns wohl bestimmen, mehrere zu

(67) Dieser Ausdruck wird Denen nicht zu stark erscheinen, die wissen, wie überaus häufig die Cur in manchen Theilen Deutschlands u. s. w. seit lange angewandt worden ist.

verbinden, damit der Indication recht sicher vollkommen genügt werde.

Offenbar ein sehr schwaches Motiv, welches nur ausnahmsweise — in solchen Fällen, wo man von vorn herein auf jede irgend genaue Beobachtung der Wirkung Verzicht leisten mufs — mitsprechen darf; denn folgte man diesem Princip in der Regel, so würde man nie ein Mittel im Allgemeinen und — hierin liegt der gröfste Vorwurf für das Motiv — in seiner Beziehung zu dem vorliegenden Falle hinlänglich genau kennen lernen. Liegen zwei Mittel so nahe bei einander, so kann es auch nicht unpassend seyn, eines nach dem andern oder beide abwechselnd für den vorliegenden Fall zu tentiren, um dadurch, wenn es heute noch nicht möglich ist, wenigstens morgen zu der für fast jeden Krankheitsfall wünschenswerthen Entschiedenheit gelangen zu können.

Es hat aber jenes schwache Motiv viele magistralen und officinellen Formeln ins Leben gerufen, in denen mehrere sehr nahe verwandte Mittel (z. B. narkotische, demulcirende, diaphoretische, bittere, aromatische) neben einander laufen [68]. Soweit solche Formeln nur zu untergeordneten Zwecken dienen, kann man sich die Zusammensetzung, wenn sie die Annehmlichkeit fördert [69] oder Formschwierigkeiten (Schwierigkeiten der Bereitung, der Erreichung schicklichster Consistenz u. s. w.) umgehen hilft [70] oder sonst irgend einen Nutzen gewährt, gefallen lassen. Soweit sie aber als Hauptmittel fungiren sollen, inner-

(68) In vielen officinellen Formeln ist nur ein Theil, etwa die Hälfte, der Combination nach diesem Motive zusammengesetzt. So z. B. erscheinen im *Spir. Angel. comp.* nur Angelica und Baldrian neben einander als ziemlich äquivalent (während der Rest der Composition anderweitigem Tadel unterliegt).

(69) So z. B. bei den Brust-Theen und anderen leichten Expectorantien, bei denen von einer genauen Beobachtung der Wirkung aus verschiedenen Gründen meist nicht die Rede ist; — so bei einer Anzahl officineller aromatischer Compositionen, deren Hauptbestimmung ist, anderen Mitteln als Corrigentien beigefügt zu werden. Aber nicht z. B. bei den *Species cephalicae (pro epithemate)* der Pharmak. f. d. K. Württ., wo vierzehn (!!) aromatische Vegetabilien neben einander fungiren, von denen Betonienkraut und Kamillen nicht einmal angenehm riechen.

(70) So z. B. bei manchen officinellen Pflastern und Salben.

lich oder auch äufserlich, mufs man sie, aus in den §§ 3, 4 u. 9 erörterten Gründen, verwerfen [71].

§ 23.

Man könnte geltend machen, dafs, wenn aus irgend einem Grunde der Arzt zwischen zwei Mitteln schwanke — und nicht jedes solche Schwanken sei zu vermeiden — er nicht berechtigt sei, an einem Kranken zum Besten der medicinischen Wissenschaft oder Kunst zu experimentiren, dafs es also rechtlicher sei, beide Mittel zugleich anzuwenden', als eines nach dem andern zu versuchen und darüber vielleicht den Gebrauch des rechten zur rechten Zeit zu verabsäumen.

Ich räume ein, dafs man nicht berechtigt ist, auf Kosten eines Kranken zu experimentiren, oder mit anderen Worten: zu experimentiren, wenn hierunter das Interesse eines Kranken leidet oder gefährdet wird. Ein solcher Fall wird aber bei dem von mir im Vorhergehenden wiederholt vorgeschlagenen Abwechseln, wenn es mit gehöriger Ueberlegung geschieht, gewifs niemals eintreten. Dagegen läuft es, aus mancherlei schon im Verlaufe dieser Abhandlung beigebrachten Gründen, sehr wider das Interesse jedes Kranken, dafs man ihn ohne zureichendes Motiv mit componirten Mitteln behandle.

Der Arzt ist bei der Besorgung eines Kranken überall, wo sein individuelles Wissen, seine individuelle Einsicht ein Ende hat, verpflichtet, entweder eine Erweiterung derselben, in Büchern oder bei einem zweiten Arzte u. s. w., zu suchen, oder, wo dies nicht angeht oder nicht hilft, selber zu experimentiren, wie er einen Schritt weiter komme. Ein solches Experimentiren liegt sehr im Interesse des kranken Individuums, schon für den gegenwärtigen Fall, mehr aber noch für ein

(71) So z. B. *Tinct. amara* und *Elix. Aurant. comp.* **Ph. Bor.**, *Elix. pectorale regis Dan.* d. Württ. Ph., *Extr. americans comp.* und *Species amaricantes* **Ph. Austr.** Man darf auch äufserliche Mittel hier nicht gelinder beurtheilen; also z. B. nicht die *Pilulae odontalgicae* **Ph. Bor.**, denn der Arzt wird bei Zahnschmerzen mit einzeln versuchten einfachen Mitteln mehr leisten.

etwaniges Repetiren desselben. Es versteht sich von selbst, dafs man dem Kranken das Experiment nicht als solches anzukündigen braucht.

§ 24.

Man darf, wo, wie so häufig, eine gewisse zusammengesetzte Formel besonders gut empfohlen dasteht, sich dadurch noch nicht zur Adoption derselben leicht bestimmen lassen. Es bleibt vielmehr, wenn man auch die Empfehlung als vollkommen begründet betrachten darf, fast immer Pflicht, zu versuchen, ob nicht einer der Factoren der Composition — oder zwei derselben, methodisch abwechselnd angewandt — dasselbe oder mehr leisten, und dieser Versuch wird gewifs in den bei weitem meisten Fällen ein günstiges Resultat ergeben. Versuche der Art anzustellen ist auch nicht etwa blofs ein Hospitalarzt moralisch berechtigt (72), sondern jeder Arzt ist dazu berechtigt und sehr oft sogar verpflichtet, denn es wird in der Regel, wie ich schon früher nachgewiesen habe, auch ganz entschieden im Interesse des einzelnen Kranken liegen, dafs so experimentirt werde.

§ 25.

Ein zusammengesetztes Mittel kommt bisweilen anscheinend wohlfeiler als die Factoren desselben einzeln, abwechselnd, angewandt, insofern bei jenem an Dispensirkosten gespart wird. Da aber fast immer diejenigen Mittel in Wahrheit die wohlfeilsten sind, welche dem Kranken am raschesten helfen, so kann dem schwachen Motive nur ausnahmsweis Gültigkeit eingeräumt werden.

§ 26.

Es wird Ein Motiv in der Folge das Componiren bisweilen unbedingt gültig empfehlen können: wenn nämlich die Chemie in Gemeinschaft mit der ärztlichen Erfahrung nach-

(72) Wie ich selber noch in der 3ten Ausg. meines Handbuchs d. Arzneiverordnungsl. I. 14 mit Unrecht geäufsert habe.

weisen wird, daſs gewissen Fehlern in der Zusammensetzung des Körpers oder einzelner Theile desselben am vollkommensten durch eine Combination gewisser Mittel abzuhelfen ist. Wahrscheinlich werden hauptsächlich nur solche Mittel, welche der normalen Composition des Körpers nicht fremd sind, so empfohlen werden. Das Vereinigen in Einer Formel würde natürlich auch in solchem Falle nicht immer nöthig seyn.

Bis jetzt sind mir nur 2 hieher gehörende, auf chemische Untersuchungen und ärztliche Erfahrung sich stützende, Empfehlungen bekannt, die aber beide noch weiterer Prüfung zu bedürfen scheinen; nämlich die vor einigen Jahren von **Pétrequin** u. A. ausgesprochene Empfehlung des Mangans neben dem Eisen für gewisse Fälle von Anämie [73] und die schon seit mehr als 20 Jahren wiederholt von verschiedenen Autoren ausgesprochene Empfehlung des Chlornatrium mit kohlensaurem Natron bei der orientalischen Cholera [74].

§ 27.

Man beruft sich zur Rechtfertigung des Componirens im Allgemeinen gern darauf, daſs auch die Arzneimittel, welche die Natur uns liefert — die Rohstoffe aus allen drei Reichen —

(73) Es wäre ein logischer Fehler, wenn man den Werth dieser Empfehlung abhängig machen wollte von den ebenfalls noch ventilirten Fragen, wieweit das Mangan zur normalen Zusammensetzung des Körpers gehöre und wie gering oder groſs die Rolle sei, welche das normale Mangan im Körper spielt. Ueberhaupt wird es bei Mitteln, welche zu dem in diesem § besprochenen Zwecke angewandt werden, gewiſs nicht immer passend seyn, daſs sie dem Körper gerade nur in dem Maaſse zugeführt werden, als sie im einzelnen Falle in der Zusammensetzung fehlen. Es kann vielmehr auch bisweilen rathsam seyn, sie in gröſserer Menge zuzuführen und es dem Körper zu überlassen, wie viel er sich davon aneignen möge. Denn ein solches Mittel kann ja — auſser dem directen Nutzen, daſs es selber in die Zusammensetzung des Körpers oder eines Theils desselben eingeht — auch, gleich vielen anderen Mitteln, indirect dadurch nützen, daſs es einen normaleren Chemismus veranlasst.

(74) Bei dieser Empfehlung ist freilich, auſser mehreren andern Fragen, auch der für unsern obigen § wesentlichste Punct, ob wirklich das kohlensaure Natron neben dem Chlornatrium therapeutischen Werth hat, ob nicht vielleicht das letztere allein eben so viel oder mehr leistet, noch keineswegs als entschieden anzunehmen.

grofsentheils sehr zusammengesetzt seien und dennoch oft anerkannt vortrefflich wirken. Insbesondre werden die Mineralquellen häufig als Beispiel für diesen Satz gebraucht.

Bei den Mineralquellen ist zu erwägen, dafs von den meist zahlreichen Bestandtheilen, welche die Analyse nachweist, in der Regel nur einer oder sehr wenige in so ansehnlicher Quantität vorhanden sind, dafs man irgend eine erhebliche Wirkung davon erwarten kann, während die übrigen daneben gewöhnlich bedeutungslos verschwinden (75), — dafs, wo auch mehrere Hauptbestandtheile bleiben, diese doch oft nur in mehreren der Wirkung nach sich sehr ähnlichen Salzen bestehen, die man zusammen, wenigstens in der Hauptsache und für viele Fälle der Anwendung als Ein Mittel betrachten darf (z. B. schwefelsaure Magnesia, schwefels. Natron und schwefels. Kali) (76), — und dafs die Kohlensäure sehr gewöhnlich nur als Corrigens der Wirkung und des Geschmacks zu betrachten ist. So angesehen erscheinen uns die Mineralquellen grofsentheils gar nicht mehr als sehr componirte Mittel. Ihre Wirkung ist oft gar nicht so complicirt, dafs sie nicht eine gewisse Richtung entschieden als die vorherschende herausstellen sollte, und dafs wir sie nicht hinlänglich sollten studiren können. — Ferner gehören die Mineralquellen grofsentheils zu den ausleerenden Mitteln, für welche (vgl. Note 41) einige Zusammensetzung oft als nicht ungünstig, bisweilen selbst als positiv günstig, zu

(75) Nur in den speculirenden Lucubrationen mancher Brunnenärzte wirken auch Atömchen mit.

(76) Man wird im Obigen wohl keinen Widerspruch gegen § 22 finden. Dort warnte ich davor, absichtlich mehrere ziemlich äquivalente Mittel zu combiniren. Damit ist aber noch nicht gesagt, dafs, wenn die Natur eine solche Verbindung liefert, man dieselbe immer als zur Anwendung ungeeignet zu betrachten hätte. Der aus der Zusammensetzung hervorgehende Mangel kann sowohl an sich als in Beziehung auf einen gewissen Zweck gröfser oder geringer, bisweilen sehr gering, seyn. So ist z. B., wenn es sich nur um abführende Wirkung handelt, die Combination der oben genannten drei Salze ziemlich harmlos (ungefähr eben so wie in manchen Früchten — vgl. Note 3 — die Combination mehrerer einander nahe verwandten Hauptbestandtheile). Absichtlich in einem pharmaceutischen Abführmittel 2 oder 3 solche Salze zu verbinden, wäre freilich unzweckmäfsig, weil man die einzeln angewandten Salze besser kennen lernt und geschickter handhabt.

betrachten ist. Anderseits scheinen viele Mineralquellen hauptsächlich nach Art diätetischer Mittel mischungverbessernd zu wirken, und diätetische Mittel dürfen componirter seyn als arzneiliche. Die Mineralquellen erscheinen auch grofsentheils, namentlich bei der innerlichen Anwendung, verglichen mit den pharmaceutischen Mitteln als milde Agentien, und 2 oder 3 milde Wirkungsfactoren vertragen sich begreiflich eher zusammen als eben so viele heftige.

Und trotz alle dem bleiben die Mineralquellen durch ihre complicirte Zusammensetzung schwerer zu studiren und schwerer geschickt zu handhaben als die meisten pharmaceutischen Mittel. Dies ist und bleibt ein Mangel, eine Unvollkommenheit wie sie den Naturproducten so häufig eigen ist, — eine Unvollkommenheit, die den einfacheren und reineren Producten der Kunst (hier den chemischen Präparaten) nur Relief giebt. Und diese Unvollkommenheit sollten wir uns zum Muster nehmen? Das wäre eben so verkehrt als wenn wir statt des officinellen *Stibium sulphurat. nigr.* Grauspiefsglanzerz, statt des Calomel Quecksilberhornerz verordnen wollten. — Freilich die Mineralquellen haben zur Compensation dieses Mangels auch glänzende Vorzüge an den äufseren Verhältnissen, unter denen sie angewandt werden, aufzuweisen; so die Wohlfeilheit, namentlich zum äufserlichen Gebrauch, — so ganz besonders die Annehmlichkeit, begründet durch schöne Lagen, gute Anstalten u. s. w.; und deshalb müssen wir sie oft einfacheren Salz- oder Gas-Lösungen vorziehen. Der gröfste, ja unschätzbare, Vorzug der Mineralquellen sind — die Brunnenärzte, von denen wenigstens jeder bessere die Anwendung der ihm speciell zu Gebote stehenden Curmittel zum Gegenstande gründlichster und ausgedehntester Studien macht und dadurch in dieser Anwendung bald eine so grofse Umsicht und Gewandtheit erhält, dafs man hier sagen mufs : *Whate'er is best administered, is best,* — ein Beweis mehr für den S. 25 von mir aufgestellten Satz, dafs die geschickte Ueberwachung eines Mittels oft wichtiger sei als die vollendet zweckmäfsige Auswahl. Wo fern von den Curorten alle diese äufseren Vorzüge der Mineralquellen wegfallen, leisten sie, versendet oder nachgebildet, oft entschieden weniger als einfachere Salz- oder Gas-Lösungen (77); und die Nachbildungsanstalten thun deshalb sehr wohl, sich auch zur Herstellung einfacherer Wässer, als die Natur sie liefert, herbeizulassen.

Andere Rohstoffe zeigen fast noch häufiger als die Mineralwässer Einen pharmakodynamisch sehr vorwaltenden Bestandtheil, der isolirt mehr leistet als der Rohstoff, und der bei allen procentischen Schwankungen zwischen den Bestandtheilen doch sein pharmakodynamisches Vorwalten wahrt. Wo 2 oder (was selten) mehrere pharmakodynamisch sehr verschiedene Hauptbestandtheile mit einander um den Rang streiten, haben wir auch gewöhnlich über Unentschiedenheit und Unzuverlässigkeit der Wirkung zu klagen, so z. B. bei *Gratiola*, *Helenium*, *Bardana*, *Millefolium*, in geringerem Grade selbst bei *Arnica*, *Rheum*, so werthvoll diese beiden Mittel übrigens sind. —

Auch auf die Producte der Kochkunst darf man sich nicht berufen, denn bei diesen hat man es mit milderen Agentien zu thun, — das Experimentiren über die Zuträglichkeit (oft nur über die Unschädlichkeit) einer gewissen Zusammensetzung ist sehr erleichtert durch die weit gröfsere Zahl von Individuen, an welchen beobachtet werden kann, und durch das

(77) Es ist mir nicht selten begegnet, dafs ich bei einem und demselben Patienten, namentlich aber bei einer und derselben Dame, während einer längeren hausärztlichen Besorgung mit pharmaceutischen Präparaten des Eisens, mit mehr diätetischer Anwendung des Kochsalzes, u. s. w. wiederholt glücklicher war als mit entsprechenden Mineralbrunnen. Bei einer Dame, bei welcher ich gegen Amblyopie von allgemeiner Verstimmung des Nervensystems sehr lange Zeit einfaches kohlensaures Wasser, aus gewöhnlichem Brunnenwasser in einem Gaskruge bereitet, anwandte, und zwar mit dem besten, auch aus guten Gründen unzweideutig nur dem Mittel zuzuschreibenden, Endresultat, der vollkommensten Beseitigung des Uebels nämlich, — trat jedesmal ein Stillstehen der Besserung oder ein kleiner Rückschritt ein, wenn einmal der Gaskrug nicht in Ordnung war und deshalb ein kohlensäurereiches Mineralwasser (Schwalheimer, Ludwigsbrunn, Selterser, Fachinger) getrunken wurde. Eine hochgebildete Dame hat mich, unter Anführung triftiger Beweise, versichert, sie könne seit jeher durchaus keine freie Kohlensäure in gröfserer Quantität, also auch kein kohlensäurereiches Wasser, vertragen; hier standen also gerade die sonst geschätztesten Mineralbrunnen einfacheren pharmaceutischen Mitteln nach.

Hinwegfallen mancher die Beobachtung störenden Momente, — und noch mehr ist das Experimentiren über die Annehmlichkeit (die allerdings durch die stärkere Zusammensetzung oft sehr gefördert wird) erleichtert dadurch dafs hier nicht das so leicht trügende Urtheil, sondern die Sinne, und zwar die feinen und geübten Sinne vieler Personen, entscheiden.

§ 28.

Man darf sich auch, für das Componiren im Allgemeinen, nicht auf die Autorität von Aerzten früherer Jahrhunderte oder auch von solchen älteren Aerzten, die noch mehr oder weniger in unsere Zeit hineinragen, — berufen, wie hoch einzelne solche Aerzte übrigens stehen mögen. Ihre Formeln können nur beweisen, dafs man auch mit minder geeigneten Mitteln als Arzt trefflich wirken kann, wenn man anderweitig grofse Qualitäten besitzt. Es ist aber nicht jeder ein **Heim**, und selbst **Heim** würde sonder Zweifel mit einfacheren Mitteln oft noch mehr geleistet haben.

Ein grofser Operateur operirt auch mit complicirten Instrumenten geschickt, aber die Dieffenbachschen Messerchen sind für jeden Operateur, den grofsen wie den nicht grofsen, rathsamer, wo nicht ganz specielle Gründe ein zusammengesetzteres Werkzeug erheischen; sie haben die zwei grofsen Vorzüge: 1) dafs es sich an sich geschickter mit ihnen operirt, und 2) dafs sie häufiger anwendbar sind, man sich also mehr auf sie einübt. Denn auch das ist ja ein grofser Vorzug jedes einfachen Mittels oder Werkzeugs vor einem zusammengesetzten, dafs jenes ein weit gröfseres Anwendungsgebiet hat.

§ 29.

Der geneigte Leser, der mir bis hieher treu geblieben, wird mir einräumen, dafs ich kein fanatischer Gegner des Componirens bin. Ich bin auch weit entfernt zu behaupten, dafs die componirten Mittel unwirksam — oder auch nur im Allgemeinen weniger wirksam als die einfachen — seien; das dürfte ich nicht behaupten, denn tausendfältige, auch gute und unzweideutige Erfahrungen würden überall gegen mich zeugen. Aber ich behaupte Folgendes.

Wir können die Wirkung der componirten Mittel nie hinlänglich genau studiren und kennen lernen; es verliert deshalb der Arzt in jedem Falle, wo er, statt einfach, componirt verordnet, eine Gelegenheit, die Zahl seiner brauchbaren ärztlichen Erfahrungen um eine zu vermehren, also seiner wissenschaftlichen und künstlerischen Ausbildung zu nützen. Wer sich an componirte Mittel gewöhnt, bleibt sein Lebtage ein Anfänger in der Benutzung der Arzneimittel, während Derjenige, der sich einfacher Mittel bedient, schon binnen wenigen Jahren eine hübsche Summe wahrer, werthvoller, praktisch brauchbarer und wichtiger Erfahrungen über Wirkung und Anwendung der Mittel erwerben kann.

Wir können auch die componirten Mittel nicht hinlänglich geschickt handhaben. Es verliert mithin der Arzt in jedem Falle, wo er componirt verordnet, auch etwas für den Krankheitsfall, der ihm so eben vorliegt.

Wer componirt verordnet, bekundet dadurch in manchen Fällen ein Schwanken in der Diagnose und in dem darauf begründeten Handeln. Wir können freilich nicht Alles diagnosticiren, wohl aber auch in dem unklaren Falle fast immer Momente auffinden, die für ein entschiedenes Handeln in einer gewissen Richtung sprechen. Wir finden deshalb in der Regel die gröfsten Therapeuten — diejenigen, die am meisten gewöhnt sind, einen Nachen auch im Sturme zu lenken — mehr oder weniger einfach in ihren Verordnungen; sie würden es oft noch weit mehr seyn, wenn sie nicht in älteren Schulen gebildet, nicht schon von den Jünglingsjahren her an componirte Mittel gewöhnt wären [78].

[78] „Ueberall wird man den rationellen Therapeuten mit einem beschränkten Apparat von möglichst einfachen Mitteln wirken sehen : das Mischen und Vermengen von Vielem, wenn es nicht anders schlendrianmäfsige Gewöhnung ist, ist fast immer ein Zeichen, dafs man sich selber nicht traut, dafs man vom glücklichen Zufall gut machen lassen will, was man in der Wahl des Einzelnen gefehlt hat. Wo die Receptensucht aufhört, fängt die Therapie an." **Wunderlich.**

Ein Arzt, der in der Regel mit componirten Mitteln agirt, kann, wenn er überhaupt noch fleifsig denkt und einigermafsen ehrlich gegen sich selbst ist, unter Umständen dahin kommen, dafs er an dem Werthe der ganzen alten Therapie verzweifelt und sich irgend einer crassen Charlatanerie in die Arme wirft. Dafs aber ein Arzt, der mit einfachen Mitteln verständig zu experimentiren gewöhnt ist, „Homöopath", „Specifiker", „Hydropath" oder sonst etwas der Art werden könne, möchte ich für unmöglich halten. In unseren Arzneimitteln liegen Kräfte genug, um damit in der Mehrzahl der Krankheitsfälle allen billigen Anforderungen zu genügen; aber man mufs jene Kräfte gehörig kennen lernen, und dies ist so schwierig, dafs es ohne die von uns angedeutete Einfachheit nicht leicht Jemandem in genügendem Maafse gelingen wird.

Die Polypharmacie vieler älteren ärztlichen Schulen ist in vielen Fällen ein gröfseres Unheil für den Kranken als selbst die Homöopathie oder die einseitige Wasserheilkunst. Denn die Homöopathie lässt doch wenigstens die Natur gewähren und hängt nur sich selber dabei den rothen Mantel des Charlatans um, und die Wasserheilkunst wendet doch wenigstens Ein wirksames Mittel so entschieden und kräftig an, dafs sie damit oft heilt. Die Polypharmacie aber greift, dunkeln Traditionen folgend, nach Glückstöpfen, und wo sie keinen solchen erhascht, erschwert sie oft nur der Naturheilkraft das Heilgeschäft. — Die genannten neueren Auswüchse der Medicin würden auch, anerkanntermafsen, nicht so üppig gewuchert haben, wenn die Polypharmacie ihnen nicht den Boden bereitet hätte.

Wir sollen also um der Kranken, um der Medicin und um unserer selbst willen nach der Einfachheit im Sinne von **Bichat**, **Schwilgué**, **Barbier**, **Pet. Frank** u. A. streben (79), sollen aber

(79) **Bichat** durchschaute treffend die Schwächen der Arzneimittellehre seiner Zeit; er erkannte die Nothwendigkeit, besonders die physiologischen Wirkungen der Mittel zu studiren, und gab, um die einzelnen Mittel genau kennen zu lernen, sie einfach. In seine Fufsstapfen traten die oben genannten u. a. Aerzte; aber es fehlte dabei nicht an Rückschritten: die Formelsammlungen mit stereotypen Combinationen kamen, am Schlusse der Handbücher über Arzneimittellehre oder praktische Medicin, immer wieder zum Vorschein.

hierbei noch einen Schritt weiter gehen als diese Aerzte es zu ihrer Zeit konnten, indem wir ganz und gar Verzicht leisten auf stereotype Combinationen, mögen solche von Anderen oder von uns selbst herrühren (80).

Wir sollen unsere Arzneimittel beherschen, wie man ein täglich gebrauchtes einfaches Werkzeug, wie der Bildhauer seinen Meifsel beherscht; wir sollen sie zu dem Ende durch und durch kennen, nach allen ihren Beziehungen — naturwissenschaftlich, sinnlich, physiologisch u. s. w. —; nur dann sind wir sicher, dafs wir nicht öfters mit dem Zaubrerlehrling seufzen müssen : „Die ich rief, die Geister, werd' ich nun nicht los".

So hoffe ich denn, dafs auch diejenigen geneigten Leser, die vielleicht von vorn herein meinen Ansichten gegenüber standen, sich zu dem folgenden in funfzehn Puncten stipulirten Friedens-Vertrage mit mir einigen werden.

1. Man soll die pharmakodynamisch einfacheren Mittel den zusammengesetzteren so weit als möglich vorziehen.

(80) In der dritten Ausgabe meines Handbuchs der Arzneiverordnungslehre wagte ich das noch nicht, wie ich überhaupt damals noch in vielen Stücken der Autorität Anderer und des Usus meine Bedenken unterordnete. Dafs ich gegenwärtig einen anderen Standpunct gewonnen habe als ich ihn damals hatte, ist die Hauptursache, weshalb ich — man erlaube mir, dies hier gelegentlich Wohlwollenden zu sagen, die mir einen Vorwurf daraus machen — von dem längst vergriffenen Buche noch keine neue Ausgabe bringen konnte. Ich fand vor einem Vierteljahrhundert nur ein dürftiges Formenwesen, Receptirkunst genannt, als einen unbedeutenden Anhang der Arzneimittellehre vor. Ich bemühte mich, durch Versuche auf dem Receptirtisch, Beobachtungen am Krankenbett, Nachdenken und Compilation diesem Wesen einen mehr materiellen Inhalt zu geben; treffliche Freunde unterstützten mich dabei kräftig und vielfach; ich hatte die Freude, die neue Disciplin, welche ich Arzneiverordnungslehre nannte, als einen Theil der Arzneimittellehre anerkannt zu sehen. Handelte sich's gegenwärtig nur darum, in den letzten Jahren gewonnene Erfahrungen, fremde und eigene, in den alten Rahmen einzufügen, so wäre die vierte Ausgabe längst erschienen. Aber es ist die Pflicht des älter gewordenen Autors, immer mehr nur auf eigenen Füfsen zu stehen, den eigenen Beobachtungen und Versuchen und dem Nachdenken ein immer gröfseres Uebergewicht über den compilatorischen Theil der Arbeit zu geben und jede Zeile von neuem auf ihre noch bestehende Gültigkeit und ihren Zusammenhang mit dem Ganzen zu prüfen. Das kostet mich mehr Zeit als früher die erste Ausarbeitung, und ich habe es, auch anderweitig stark in Anspruch genommen, bisher noch nicht fertig bringen können.

2. Man soll in der Regel nur Einen, höchstens zwei Wirkungsfactoren — gleichviel ob die zwei Factoren in Einem oder in zwei palpabeln Mitteln des Arzneischatzes enthalten seien — gleichzeitig auf Ein Applicationsorgan anwenden.

3. Man soll (mit alleiniger Ausnahme von Nr. 14) nicht leicht zwei, unter keinerlei Umständen aber mehr als zwei, Hauptmittel (Basen im Sinne der Arzneiverordnungslehre) in Einer, magistralen oder officinellen, Formel vereinigen.

4. Nur selten dürften zwei Wirkungsfactoren in einem Mittel oder einer Formel combinirt vortheilhafter wirken als nach einander oder in methodischer Abwechselung (§ 19) mit einander angewandt. Die letzteren Anwendungsweisen führen aber eher zur Entschiedenheit der Einwirkung und sind deshalb — wenn überhaupt zwei Wirkungsfactoren unentbehrlich scheinen — fast immer vorzuziehen.

5. Das Vereinigen zweier Wirkungsfactoren in Einer Arznei kann freilich schon deshalb nicht immer umgangen werden, weil bisweilen gewisse Rohstoffe speciell und unersetzlich indicirt sind. Absichtlich aber zwei palpable Hauptmittel in Einer Formel zu vereinigen ist schon deshalb meist unrathsam, weil für das eine die Indication sich früher ändern kann als für das andere, und das öftere Wechseln der ganzen Arznei äufserliche Inconvenienzen hat (S. 45, Z. 8 ff.).

6. Bei äufserlichen Mitteln darf man rücksichtlich der Regeln 2 bis 5 dann etwas weniger streng seyn, wenn die Berechnung und Beobachtung der örtlichen Wirkung leichter, deshalb auch noch bei zwei gleichzeitig anzuwendenden Wirkungsfactoren, zwei in Einer Formel zu vereinigenden Hauptmitteln, genügend durchzuführen ist, und es sich hauptsächlich nur um diese örtliche Wirkung handelt. Ueber die Zahl zwei soll man auch hier nie hinausgehen. Bei äufserlichen Mitteln, welche allgemein wirken sollen, mufs man immer mindestens eben so streng seyn als bei innerlichen, bisweilen wo möglich noch strenger.

7. Auch noch in manchen anderen Fällen, wo ein und das andere Motiv für die Einfachheit wegfällt (s. § 15), darf man

componiren, falls dies durch ein positives Motiv empfohlen wird; doch immer unbeschadet der Regel 3.

8. Die gleichzeitige Benutzung mehrerer Applicationsorgane für örtliche oder halb-allgemeine Zwecke, oder um von inneren Theilen abzuleiten, unterliegt rücksichtlich der zu erstrebenden Einfachheit des Heilverfahrens keinem Anstande. Soweit es sich aber darum handelt, von aufsen her allgemein zu wirken, darf man zwar oft Ein äufserliches Applicationsorgan mit dem Speisecanal gleichzeitig benutzen, aber auch nur Eines.

9. Corrigentien für die Sinne sind sehr gewöhnlich nöthig, und nicht selten empfiehlt die Annehmlichkeit, ihrer mehrere gleichzeitig, auch in Einer Formel, anzuwenden. Sie sind aber der Quantität nach so zu beschränken, dafs sie nicht zu wesentlichen Wirkungsfactoren, mithin die Regeln 2 u. 3 nicht überschritten werden.

10. Corrigentien der Wirkung sind zwar seltner als die Aerzte früherer Zeiten glaubten, aber doch nicht selten, unentbehrlich. Man soll aber nicht ohne Noth ihre Quantität so hoch ansetzen, dafs sie zu wesentlichen Wirkungsfactoren werden, und man wird sie oft, statt in Einer Formel mit dem Hauptmittel, abwechselnd mit demselben anwenden können.

11. Adjuvantien (im Sinne der Arzneiverordnungslehre) sind nur sehr selten passend und selbst adjuvirende Constituentien in der Regel (eine Ausnahme in § 18) zu vermeiden.

12. Ein ausleerendes Mittel darf in der Regel nicht mit einem, das irgend eine andere Haupt-Wirkung zu vollbringen hat, in Einer Formel vereinigt werden. Besonders wichtig ist die Beachtung dieser Regel bei abführenden Mitteln.

13. Ein symptomatisch angezeigtes Narcoticum darf in der Regel nicht mit einem causal oder radical angezeigten Mittel in Einer Formel vereinigt werden, weil die Anwendungszeiten für die beiderlei Mittel verschieden zu bestimmen sind. (Ausnahmen besonders bei äufserlichen Mitteln, s. S. 46, Z. 12 ff.)

14. Nur in Formeln zu untergeordneten Zwecken dürfen zwei oder mehrere ziemlich äquivalente Mittel mit einander vereinigt werden, wenn dies die Annehmlichkeit fördert oder

Formschwierigkeiten (S. 50, Z. 22) umgehen hilft oder sonst irgend einen Nutzen gewährt.

15. Subjective Schwierigkeiten, welche der Arzt beim Stellen der Indicationen oder beim Auswählen der Mittel für die Indicationen findet, berechtigen nicht zu Ausnahmen von den obigen Regeln. (Wie man sich besser hilft, s. in § 20—23.) —

Mögen nun diese Sätze von Anderen geprüft werden, damit künftig Das, was Wissenschaft, Kunst und Humanität fordern, noch treffender präcisirt werden könne. Ich habe nur noch zum Schlusse zu bemerken, dafs ich von Anderen in der Beobachtung dieser Regeln nichts verlange, was ich nicht mir selber zur Pflicht gemacht und als durchführbar bereits am Krankenbett erprobt hätte. Ich mufs also auch bitten, mich mit meinen Forderungen nicht etwa als einen „Theoretiker“ kurzer Hand abzuweisen. *Non hypotheses condo, non opiniones vendito; quod vidi, scripsi.* (**Störck.**) Man kann nun einmal die kleinen Teufeleien, die wir Arzneimittel heifsen, nur beherschen mittelst des „*divide et impera*“; dieses Dividiren soll aber nicht etwa ein Zertheilen im Sinne der Homöopathie, sondern ein Scheiden im Sinne der chemischen Analyse seyn; die Pharmakodynamik ist auch ein Stück organisch-chemischer Analyse, nur mit lebendigen Reagentien. Möge nun jeder Arzt für exacte Beobachtungen sorgen, wie sie der neueren Experimentirkunst würdig sind.

Hoc opus, hoc studium parvi properemus et ampli.

Inhalt.

Druck von Wilhelm Keller in Giefsen.

www.ingramcontent.com/pod-product-compliance
Lightning Source LLC
LaVergne TN
LVHW042250300926
849161LV00003B/541
* 9 7 8 3 1 1 2 6 2 6 2 5 2 *